パリのハイブランドが欲しがる技術は、なぜ東京の下町で生まれたのか

蔵前の頑固オヤジの反骨仕事術

長谷川博司 著

かざひの文庫

はじめに

ヒロアンの手前味噌

「はっきり言ってさ、とびきり腕のいい職人が、好きなだけ時間をかければ作れないこともないかもしれないけど、このクオリティで商業ベースにのせてるなんてちょっと考えられねえよ」

ある時、同業者が、僕の作った「MAISON de HIROAN」の財布を手に取ってこう褒めてくれた。品質《クオリティ》に命をかけてきた僕にとっては最上級の賛辞だった。だけど、「品質《クオリティ》」というのはずいぶんと曖昧な言葉だなあとつねづね考えていた。

日本で使われる「品質」はだいたいイメージ通りの意味だ。丈夫だとか、正確だとか、つくりが精巧であることを指す。一方、欧米で使われるqualityは、「すばらしい」とか「感動」とかいった情緒的なニュアンスまで含み、ひとことで言うなら「優れている」といった感じだろう。そんなわけでその二つは必ず一致するとも限らないのに、さして深く考えずに、品質をクオリティ《quality》と言い換えたりするので、意味がますます曖昧になる。

コロナ騒ぎで世の中がこんな風になる前は、世界中の財布を見尽くす勢いで、休暇のたびにヨーロッパの国々を訪れていた。ある年、イタリアのミラノで「リナシェンテ」という高級デパートに立ち寄って、そこそこ高級なイタリアンブランドの財布を見た。

さすがはイタリア。色使いだとかデザインだとか、感性の部分はそれこそ目を見張るほどに優れていた。こういう財布をクオリティが高いというのだろう。イタリア語だとクアリタか。ところが、手に取ってよくよく見ると、財布のへりを縁取るコバがえらく雑に塗られているし、縫い目の位置から何から全体的に仕事が粗く、品質が高いとは言えない気がした。

18歳の時に財布づくりの世界に飛び込んだ僕は、かれこれ50年以上、財布を作り続けている。その間、それこそ品質もクオリティ《quality》も「世界一」と呼べるレベルを目指して、あらゆる角度から財布における究極のかたちを追求してきた。

だけど、それは「自己満足」だとか「独りよがり」などと揶揄されるものと表裏一体で、「質より量」戦略で多くのメーカーが財を成した80年代には、なんなら実際にそう言われたこともあったような気がする。それで言ったら、イタリアの財布だって「残念」と言うほどには酷くなかったかもしれない。

そんなことは重々承知だ。だけど、祖父、父から受け継いできた頑固な職人の血がそうさせるのか、なにしろ「ほどほど」ということができない質《たち》なものだから、結局、誰も真似したいとさえ思わないようなマニアックな品質を貫いてきた。しかも、金持ちでなくとも買える値段にもこだわった。

そんな一職人の見えざるこだわりに味方をしてくれたのは、まさかの「不景気」だった。僕が「MAISON de HIROAN」のブランドを始動させた2001年は、それこそ平成不況の真っ只中だった。景気が悪くなると人々の財布の紐は自然と固く締まる。だけど消費をしないわけにはいかないから、今度は徐々に品質のよしあしに厳しくなってくる。そんな世の中の気風が追い風となった。

それから20年の月日が流れ、いつの間にか日本を代表する財布メーカーなどと呼んでいただけるようになっていた。ありがたいことだ。

本書では、そのあたりのいきさつから職人の本音まで、秘伝のレシピ以外はだいたいすべてのことをさらけだした。誰かが読んだ時に「余分なことまで言いやがって」と言われそうなことまで、それはもう遠慮なく。

四人兄妹の三男として財布メーカーの家に生まれ、特別抑圧を受けるようなこともなく伸び伸びと育った僕は、何に対しても忖度《そんたく》することなくこれまで来た。三つ子の魂百まではよく言ったもので、「もう少しオブラートで包んだような喋りはできないのか」というようなことを言われる大人になった。もちろんそのあたりを知らずに生きてきた訳ではないし、なんなら「いやな性格」などと思われているのだろうなと思いながらこの歳までやってきた。それでも忖度だけは絶対にするまいと心に決めている。

何かに忖度してダンマリを決め込んでも、そこからは何も生まれない。

本音はいい。新しいこと、よいことが生まれる可能性を秘めている。

そんな性分も災いして、「余分」かもしれないことに加えて、「手前味噌」まで頻出する、かなり味噌くさい本になってしまったかもしれないことをどうかお許し願いたい。だけど、僕のような市井の職人が、「こんなのぜんっぜん大したことないんですけどね」などと謙遜しながら語ったら、伝わるものも伝わらなくなってしまうだろう。致し方ないのだ、と開き直ってみる。

そして開き直ったついでに。

世界一を目指したきわめてマニアックな品質《クオリティ》の僕の財布が、はたして世界一だと認められる日がやって来たのかと言えば、財布の世界大会などがない限り、その証明はきわめて難しい。ところがある時、それは思わぬかたちで確信に変わった。その話はまた本編で。

それこそ、財布と、財布を作る人々の話しか登場しないという相当マニアックな本になってしまったが、財布を持っていないという方もそういないと思うので、きっとなにかしらお楽しみいただけることと思う。

ただただ財布が好きな方、
職人、あるいは頑固ものなどと言われる職人気質の方、
そして、よい仕事を全うしたいと思っているすべての方《職人》へ。

【手前味噌】「手前の（うちで作った）味噌、おいしくできたから食べてみて」と、自慢したい気持ちが押さえられない日本人の照れ臭さをフォローする枕詞。
【味噌くさい】①味噌のにおいがする。②いかにもその道の人らしいいやみが感じられる。

令和三年八月

革包司博庵　長谷川博司

目次

三章 職人の血は遺伝するのか

四章 頑固オヤジの反骨仕事術

五章 死ぬまで働く

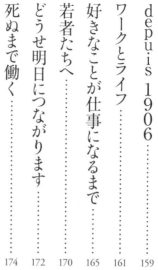

付録 世界一幸せな頑固オヤジの反骨仕事術・実践編

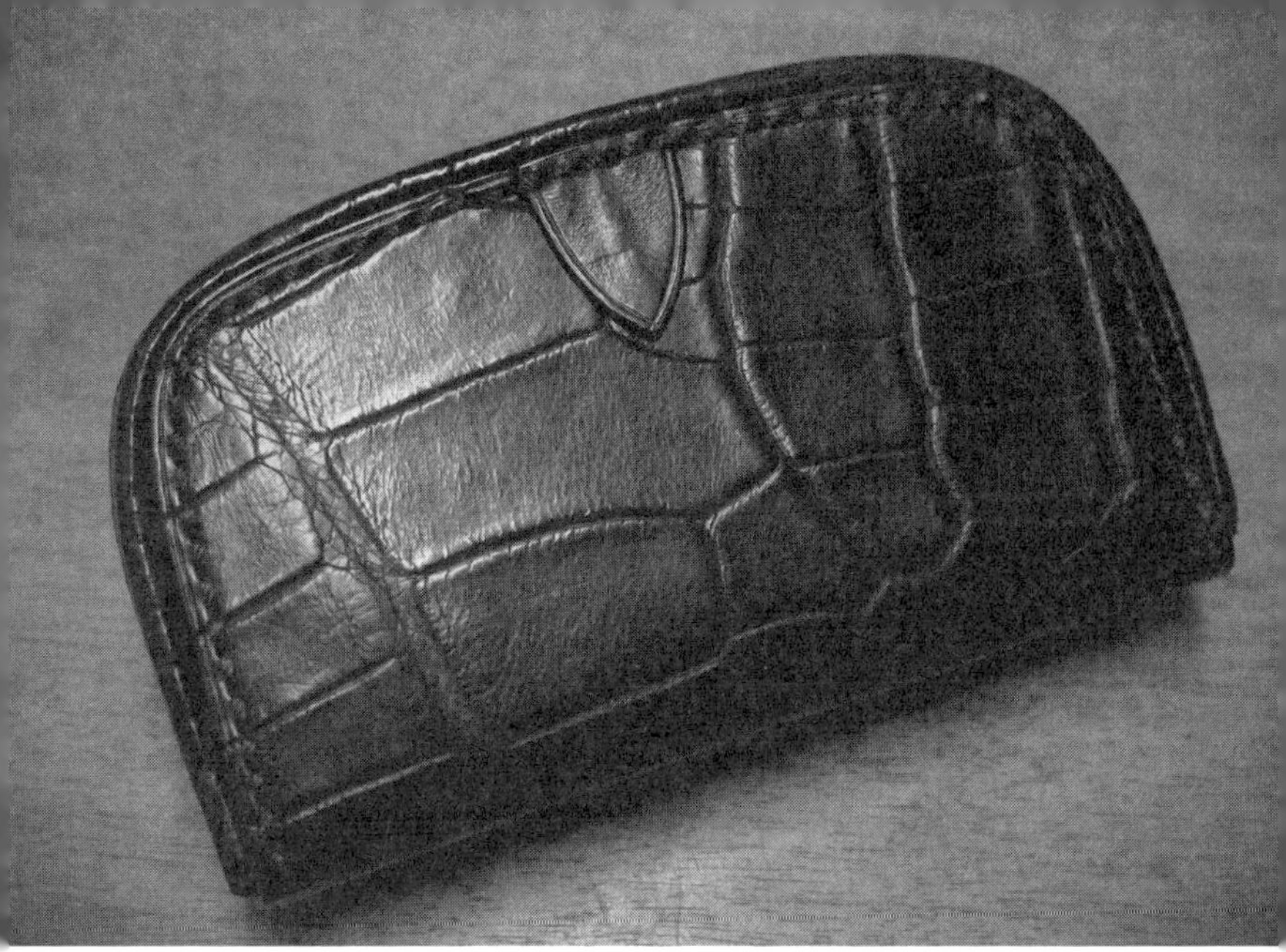

一章

48歳の挑戦

時は平成不況の真っ只中。まさにその身一つで。
祖父、そして父のもとで鍛えられた潔癖なまでの職人気質と
80年代に世界を席巻した大量生産ブーム。不惑もとうに過ぎた
一人の財布職人が、二つの〝ものづくり〟の間でもがき続けた末に
小さな財布メーカーを立ち上げるまでのお話。

馬蹄の長谷川

明治39年、西暦でいう1906年。現在の台東区小島町で、長谷川平太郎が財布職人として事業を開始した。僕の祖父だ。

財布もまた、ほかのあらゆることに漏れず、西洋文化の影響でその様相が大きく変化していった時代だ。といっても、中央銀行としての日本銀行が設立されたのは明治15（1882）年で、通貨が統一されたのは明治後期になってから。ある日を境に新しい通貨に突然切り替わったわけではないだろうから、変化は緩やかだったはずだ。

庶民の財布といえば、それまでは口紐で締める信玄袋が主流だったと聞く。「財布の紐を締める」とか「ゆるめる」とかもここから来ている。そんなところへ、新しい通貨とともに、新しい財布が続々と登場した。その一つがあのガマ口財布だ。いかにも和の面構えに思えるが、実は日本生まれのものではなく、明治政府の御用商人がフランスから日本に持ち込んだ「口金つきハンドバッグ」を真似して作ったのが最初だという。口金でパチンと開け閉めできるガマ口はさぞ画期的だったことだろう。

祖父が財布を作り始めたのはそんな時代。そして「長谷川さんのところの財布」といえば評判は上々だったようだ。

おなじみ「馬蹄型《ばてい》」の小銭入れも、この時期に登場した財布の一つだが、それを日本で初めて作ったのは祖父ということだった。馬の蹄《ひずめ》の形をした立体型の小銭入れは、金具を一切使わずに、革と革の摩擦だけでフタを留める構造で、今もそうなのだが、作るのに非常に高い技術を要する。


小学生の時に、祖父の作った馬蹄型を一つ持たせてもらった。閉じるとスゥーっと静かに中の空気が抜けて、革と革がしっとり密着した。そしてどんなに使い込んでも、いつまでも貝合わせのようにぴったりとはまるのだった。

その塩梅《あんばい》が心地よく、せっかく電車に乗って遠くに出かける時なんかも、車窓の景色に目をくれるでもなく、財布を開けたり閉じたりしながらうっとりしていたのをうっすら覚えている。

せっかくお袋が入れてくれた中の小遣いにも興味がなかった。ずいぶん変わった子供だったろうなと思ったが、69歳になる今も、そのあたりはまったく変わっていなかった。

ずいぶんあとになって、馬蹄型発祥の国とされるイタリア製のそれを見たけど、なんだか粗雑なつくりで、大したことねぇや、と、ますます祖父の仕事を誇らしく思った。

昭和の初頭に僕の親父が跡目を継いだ。親父の名は、長谷川真三《しんぞう》。親父も、祖父に負けじといい仕事をしていて、「長谷川さんのところの財布」はやはり評判だったようだ。

はじめはいわゆる個人事業主としての財布職人だったようだが、ますます活気づく財布市場の広がりに合わせて、親父は職人を抱えた。そして昭和30年代には「長谷川製作所」という屋号で法人化。いわゆる「メーカー」として商売を広げた。もの心ついた時には、家にはすでに見習いの職人が何人も同居していた。

長谷川家の三男坊として僕が生まれ育ったのはそんな環境で、財布づくりに憧れるなというほうが無理だった。当時の小学生男子の夢といえばパイロットだの野球選手だのが一般的だったような気がするが、祖父や親父のような美しい財布を作れるようになりたくて、革の切れ端目当てに仕事場をうろついては頭をはたかれていた。

その想いは、中学生になっても、高校生になっても変わることはなかった。ただ、親父は親父でずいぶん苦労したのだろうか。僕を職人にさせる気はなかったようだ。


「頼むから大学くらい出てくれよ」

「頼むから仕事さしてくれ」


こんな会話が何度繰り返されたか分からないが、とうとう親父も根負けして、高校卒業後すぐに入れてもらうことができた。昭和45年（1970）の春だった。そこでは、七つ上の兄貴がすでに働いていた。

これでようやく財布が作れると、期待と喜びで胸がいっぱいだった。

ただ、そこは腕がものを言う職人の世界。「坊っちゃん」扱いなんてものは一切なく、むしろ「邪魔すんじゃねーぞ」とずいぶんぞんざいに扱われたし、記念すべき初仕事が何かといえば、なんと「糊拭《のりふ》き」だった。

ガマ口の口金のまわりにはみ出た糊を布できれいに拭き取るという仕事で、楽しいかと聞かれたら楽しいわけもない。だけど苦痛というわけでもなかった。口金に糊がはみ出ていたらせっかくの財布がみっともないことになってしまうことは重々理解していたので、ずいぶんと潔癖にこなした。自分で言うのもなんだけど、美しい財布を作るためなら手間を手間とも思わず、なんでもかんでも潔癖にやり通した。

ところで、この頃の日本で革の財布というものは豊かさのシンボルだったのかもしれない。とにかくよく数が出た。問屋の連中がこめかみに青筋を立てながら門の外で待ち構えていた朝も、一度や二度ではない。少なくとも、職人が総出で毎晩夜なべをしても間に合わないほどには忙しかった。

夜なべといえば、当時はそば屋が夜中の11時までやっていて、親父が、職人たちの夜食によくソバの出前をとってくれた。深夜にそばをすすりながら経済成長の心地よい風を感じていた。その風は次第に勢いを増して、心地よいどころではなくなっていくのだが。

ちなみにこの頃のラーメン屋は、どの店も夜の8時頃には閉まっていた。そばとラーメンがいつの間に逆転したんだろうか。

親父は、商売を広げながらもその潔癖な仕事を貫いていた。その潔癖性は技術だけでなく革にまで及び、たとえば革製品ではおなじみのシボ革も、わざわざ「手揉み」のものを好んで使っていた。

漢字で「皺」と書くシボは、革につけるちりめん状に細かく寄ったシワ模様のこと。回転ドラムの中で革を撹拌しながらシボをつける「空ダイコ」や、革の表面を薬剤で収縮させる「シュリンク」、あるいは「シボ風」のエンボス加工が一般的だが、中でも手揉みのシボは革の柔らかな風合いを増幅し、断トツに品がよい。

裁断した革を折り曲げて、革を折り、その折り目を、手のひらを押し付けながら端から端までズラすことでシワをつける。親父、兄貴、僕と、大人の男が三人がかりでやってもなかなか終わらないような力仕事だったが、なにしろ美しく仕上がるので、やはり何の苦にもならなかった。

長谷川製作所はメーカーとして商売を広げたものの、そこにはまだまだ棟梁のこだわりが行き届く、家内制手工業の精神が息づいていた。

そうそう、馬蹄型の小銭入れも祖父から技術を引き継いでいて、親父の代でとうとう「馬蹄の長谷川」などと呼ばれるようになっていた。

20歳を過ぎた頃、僕は新しい役目を課された。革、糸、金具と、財布の材料の下拵《したごしら》えをして職人のもとへ届けて回る職人廻りだ。品質に対する親父の潔癖さときたら凄まじいものがあったが、そんな親父が腕を認めた25人の精鋭部隊だった。

そこには、腕を上げて親父のもとから独立していった元見習い職人の姿もあった。また、千葉の笹川町にも腕のいい職人が何人か住んでいて、職人廻りは千葉にも及んだ。笹川町は稲作が盛んな地域だったが、田んぼ仕事の閑散期に副業で財布づくりをしていた何人かが財布づくりの魅力に目覚め、田んぼをやめて専業の職人になったのだと聞いた。

外国のことは分からないが、この分業制は江戸時代から続いてきた日本のものづくりの特徴の一つだろう。材料や完成品を持って行ったり来たりする手間はかかるが、メーカーは必要に応じて自社にない職人技も取り入れることができるし、職人からすれば腕一本で食っていける。なかなか合理的なシステムだ。

ところが、昭和50年代、いわゆる「80年代」に入ると、その古き良きスタイルが一変していった。多くのメーカーが、急速な経済成長にあかせて生産拠点を中国に構え、大量生産で財を成していった。

だけど僕は、そんな時代が到来するとはつゆにも思わず、ガマ口の口金の糊拭きばかりをしていた頃よりかはだいぶ、〝財布づくり〟に近づいているぞと喜び勇んで働いていたのだった。

80年代

「ものづくりなんて中国にやらせればいいのに」と言わんばかりに、否、実際にそう言ったメーカーもあったのだが、分かりやすいところで、ミシンさえ持たないメーカーも増えていった。そのやり方は、メーカーというより「振り屋」だった。

「振り屋」とは、どこかから注文を取り付けてきてメーカーに生産を振る、外注の営業マンといったところだ。これだけ聞くと、仕事をもたらしてくれるありがたい存在のように思えるかもしれない。

もちろん良心的な振り屋もいたが、どちらかというとメーカーの都合や利益を度外視したえげつない注文を押し付ける振り屋が多かった。良くも悪くもメーカーとはどこまでも相容れない存在だった。それなのに、だ。

経済成長の心地よい風は、油断すると足元さえすくわれそうな強風に変わっていた。

その頃、親父から兄貴に代替わりをした長谷川製作所もまた、そんな時代の流れに巻き込まれていった。なにしろ急速に景気がよくなった日本はある意味モノ不足で、作ったら作っただけ売れたし、中国の生産力をあてにしなければ、とてもじゃないけどこなせない注文の量だった。ひと月で2万個の革財布を納品したこともあったほどだ。

40代にさしかかった僕には、新たな仕事が課された。中国出張だ。月に一回、広東省の工場へ出張るようになった。

こんな異常な景気が永遠に続くわけがないとどこか白けた思いで、でも、「長谷川さんのところの財布」が品質を落としたなどと言われることがないように、中国人の工員を相手に黙々と品質を管理し続けた。きっと、ずいぶん神経質な日本人だと思われていたことだろう。

その頃、僕の持ち場は新築した社屋の地下にある工房で、日本にいる時は、そこで財布のサンプルを一人で黙々と作っていた。サンプルは、一つの型につき必ず2個ずつ作った。一つは自分の手元に。そしてもう一つは中国の工場に。言葉の壁をフォローする唯一の手立てだった。

図面通りに型紙を裁ち、型紙の通りに革を裁断し、縫製してみてイメージと違ったり少しでも使い心地が悪かったりしたら、また図面を一から引き直して、ということを愚直に続けた。だけど、この型紙の精度が財布の出来を左右するので、やはり何の苦にも感じていなかった。

ところが次第に、このサンプルづくりの時間を惜しむような空気が長谷川製作所に漂い始めた。それもそうだろう。中国の工場も技術を上げ、寸法と簡単なスケッチさえ渡せばそれらしい財布が作れるようになっていたのだから。なのに僕がサンプルづくりを一向にやめないものだから、あいつは地下にこもって何を無駄なことをやっているのかと、風当たりはどんどん強くなっていった。

その頃から、メーカーの存在意義はいったい何なのだろうかと思い悩むようになっていた。サンプルづくりをやめなかったのは、それが僕なりに考えた、メーカーの存在意義そのものだったからだ。

もちろん仕事である以上、従業員や家族を食わせていけなければただのきれいごとだ。かばうわけじゃないが、その点、新体制に舵《かじ》を切った兄貴の割り切りは立派だった。僕も僕で、頭では理解していた。その潔癖性が誰にも必要とされないなら、ただの独りよがりだと言われたって仕方ないことも。そう、頭では分かっていたのだ。

忘れもしない2000年の3月31日、48歳の僕は、30年間働いた長谷川製作所をあとにした。一抹の寂しさはあったものの、この会社で自分にできることはやり切ったとすがすがしくもあった。

一応断っておくと、最後の仕事は後任の育成だった。信頼できる後輩社員を後任として育ててから、きれいさっぱり辞めてやった。退職した翌日、いつも通りの時間に起きて、うっかりいつも通りに家を出たら、「あれ？　仕事ねーや。そうだ、机ひとつねーや」と、しばらくポカンとした。

日本のエルメスに

退職した僕は、気持ちいいほどすっきり何も持っていなかった。生まれて初めての「無職」状態に戸惑いつつ、まずは将来についてじっくり考えることにした。じっくり考えるも何も、できることは一つしかなかったのだが。

頭の中で描く理想のメーカーを、自分でつくる。

そのタイミングがいきなりやってきた。だけど、僕が考える「理想のメーカー」像は、ごくごくシンプルなものだった。

まず、紳士用革財布の専門メーカーであること。専門というのが肝心だ。他所の財布メーカーは、婦人ものや雑貨にまで手を広げていて、「紳士用専門」と呼べるメーカーは絶滅危惧種になりかけていた。だから、そのことが必ず武器になるはずだと直感した。

そして、本当のmaker〈製造元・作る人〉であり続けること。「振り屋」の真似は絶対にするまいと誓った。誓うもなにも、そもそも、「振り屋」のどこが楽しいのかさっぱり理解できなかったというのもあった。たとえそれがいくら儲かるのだとしても。

そして、今ここで初めて公言することなのだが、目標は「日本のエルメス」だった。エルメスは、僕に言わせれば世界でもっとも優れたメーカーだ。フランスの職人たちがじつに志の高いものづくりをしていて、特に革製品は、奇を衒《てら》うことのないベーシックなデザインで淡々と勝負し続けている。玉に瑕《きず》といえばバカ高いことくらいか。ともかく、持ちたいものというよりは、作りたいものだった。

ずいぶんな大風呂敷を広げたものだと思うだろうか。

だけど、お手本にしたいと思うメーカーがほかに思い当たらなかったのだから仕方がない。日本どころか世界中の財布を見てきたけれど。やたら大きい商売をしていると思ったら賃金の安い外国で生産していたり、品質にこだわっていても商売が小さすぎたり。

ともかく、こうして方針は固まった。

「とうとうこの引き出しの中身を使う時がやってきたか」

と武者震いが止まらなかった。側から見れば、職を失った50がらみの男がやけになって遊び暮らしているように見えていたかもしれないが。

株式会社 革包司博庵

次にしたことは仕事場の確保だった。30年の間に築いた幾ばくかの資産があってだいぶ助かったが、独立起業は何かと物入り。結局借りたのは、メーカーとしてはかなりミニマムな8坪のワンルームだ。月の家賃はたしか12万円ほど。まずは十分だ。

通い始めて気がついたのだけど、雨の日にはゲジゲジが遊びに来るのだった。ゲジゲジは実は不潔な害虫を食べてくれるいいやつなので、しばらくは仲良く共存した。

場所は上野西黒門町。銭形平次の本拠地としておなじみの土地で、三代目古今亭今輔さんの元住まいということだった。二軒先には落語協会があって噺家がそのへんをうろうろ歩いているような、そんな場所だった。若かりし日の三遊亭歌奴《うたやっこ》さんとなど、何度すれ違ったか分からない。といっても、台東区で生まれ育った身からすればなじみのある土地柄で、僕が飛び出した長谷川製作所からもさほど離れていない。

革問屋、金具屋、刻印屋、革漉《かわすき》屋と、必要なものはなにしろ一通り近所に揃っている。メーカーを始めようというのに、この土地を離れる選択肢はなかった。

仕事場の真ん中には、幅3尺（910ミリ）、長さ6尺（1820ミリ）の、いわゆるサブロクバンの板でこしらえた大きな作業台を置いた。財布というものは、小さいくせに、パーツや工程の数はへたなバッグなどよりもよっぽど多い。だからこれだけ大きい作業台なら、あっちの端もこっちの端も使えて何かと捗《はかど》るのだ。

そして部屋の壁に沿うように、革の裁断機、ミシン、糊付けの機械を一台ずつ並べていった。このうち糊付けの機械は兄貴からの餞別だった。もっとも、「誰も使わないから持っていけ！」という憎まれ口つきで。高価な機械だったのでありがたさが染み入った。

それから、ものの30分ほどで会社の名前を考えた。

命名、「革包司博庵《かわほうしひろあん》」。

僕の下の名前は博司というのだが、庵は「家」なので、博庵で「ひろしの家」となる。「庵」は、フランス語で同じく「家」を意味するMaison《メゾン》とも通じて、メゾンは「工房」や「会社」のニュアンスも含む。つまり、博庵は、ひろしの家で、ひろしの工房ということになる、はずだ。

革包司のほうなどまったくの造語だ。出張で幾度となく行き来した中国では、銭の包み「銭（銭）包」と書いて財布を意味した。その「銭包」から拝借した「包」の頭に「革」とつけて、「革の財布」。そこに「司」をつけた「革包司」で、「革の財布屋」という意味になる、はずだ。

革包司博庵を英字で表記する時は、「MAROQUINERIE《マロキネリ》 HIROAN」にしようと閃《ひらめ》いた。かつてヨーロッパで陶磁器をCHINA、漆器をJAPANと産地の名前で呼んだように、フランスでは、革の名産地だったモロッコ（Morocco）を文字って、革製品のことをそう呼んだそうだ。フランス語は、その響きが昔から大好きだった。

革包司にしてもMAROQUINERIEにしても、まあその意味はわかりづらいが、わかりづらいほうがいいだろうとも思った。意味を尋ねてもらえるからだ。

2000年5月1日、株式会社 革包司博庵は始動した。長谷川製作所を飛び出したそのたった1か月後。まるで裏でこっそり計画してから辞めたような手際のよさに見えていたかもしれない。

確かに頭の中では、ああすればいいのに、こうしたらもっとよくなるのにと常に考えていたから、ある意味ではそうなのかもしれない。だけど、計画していなかった証拠というのか、社員は代表取締役兼職人、つまり僕一人だけだった。といっても実際には女房があれこれ手伝ってくれたのだが。

一人でやっていくなら、フリーランスの財布職人という道もあっただろう。だけど、その道はこれっぽっちも考えなかった。というのも、メーカーとしてどうしてもやってみたいことがあったのだ。それはファクトリーブランドを作ることだった。

右向け、左

ブランドの名前は「MAISON《メゾン》 de《ド》 HIROAN《ヒロアン》」に決めた。ブランドという言葉の独り歩きには辟易するところだが、ブランドをつける本来の意味は〝目印〟だ。僕が作った財布だと差別化できる目印をつけ勝負に出たかった。その効果はまず意外なところに。目印を掲げることで、肚《はら》の中の覚悟が形になった気がした。善は急げで早々に商標を出願した。この頃は出願料がやたら高くて、たしか20万円ほどした。

「メーカーのくせにブランドとは生意気な」などとさんざん言われたものの、そんなことは想定内。目印をつけることに生意気もへったくれもないだろう。

独立したばかりでブランドを作るのはさすがに早くないかって？ 兄貴にも誰にも相談したことはなかったが、長谷川製作所でもブランドを作りたいと、作るならこんなブランドにしたいと、やはり長い間夢想してきた。48歳になってから、しかも自分一人で立ち上げることになったのは想定外だったが。

右向け、左。これは子供の頃から大勢と馴れ合うことが苦手な僕の生来の性格でもあるのだが、ビジネスのチャンスも常にこの〝左〟にあると考えていた。だって単純に考えてそのほうがライバルも少ない。右向けと言われて右に進んだら競争が激しいことは明らかなのに、それでも意外とみんな好んで右に進むものなんだな。

親父が現役だった昭和の時代から比べると、ものづくり業界の常識はすっかり多様化していた。業界外の人が聞くと驚くようだが、自前の工場を持たないどころか、「作り方」さえ知らなくたって、製品さえ無事に収められればそれで「メーカー」であり「ブランド」だった。

それは日本だけの話ではなく、名門などと呼ばれる欧米の高級ブランドも生産拠点を続々と中国に移し、生産のグローバル化は世界的な主流になっていた。その中で頑なに自国フランスでのものづくりを貫いていたのがエルメスなのだが、そんなご時世にわざわざ「日本のエルメス」という目標を掲げた僕は、紛うことなき「左」派だった。

ただ、ちょうどその頃から、品質が確かな「日本製」が、国内でも見直されるようになってきたのも確かだった。僕はその気配を見逃していなかった。

世界経済は減速し、景気の陰りもとうに繕えなくなっていたが、同時にモノ不足の時代も終焉を迎えていたのだ。

そりゃそうだ。長谷川製作所だけでも月に2万個の財布を作って納めていたのだから、そろそろ満腹もいいところだろう。人間、空腹が満たされたら今度は美味いものに目がいくのが道理ってものだ。

あるのは雨の日にはゲジゲジが遊びに来る8坪の仕事場のみ。だけど、不安に思うどころか、前途揚々だとさえ感じていた。世の中の流れどころか家業の方針にまで逆らって「左」を向き続けた僕の時代が来たことを確信していた。

なんの偶然か、革包司博庵を立ち上げた翌年、2001年に、エルメスが銀座に日本初の旗艦店をオープンさせた。

二章

ヒロアン品質

ベタ貼り、磨き、ヘリの後切り。
博庵ブランドの明暗を決定づけることとなる三つの技術を武器に、
一人で立ち上げた小さな財布メーカーが、10年の歳月をかけて
「世界一」を確信するまでのお話。受け継いだもの《美学》と、
その手で生み出したもの《技術》。品質至上主義の果てに見えた景色とは。

博司くんのコバ

革包司博庵の最初の顧客は、長谷川製作所時代のお得意さん。目当ては、「博司くんのコバ」だった。

財布、ベルト、靴、バッグと、すべての革製品づくりは革を裁断するところから始まるのだが、コバとはその革の切断面のこと。ガサガサした感じが木の切れ端、つまり木端《こば》に見えることから、そう呼ばれるようになったとか。

木材のコバには鉋《かんな》やすりをかけるが、革のコバも同じで、何かしらの始末を施す必要がある。内側の繊維が剥き出しになる、いわば革の傷口のようなもので、そのままにしておくと繊維がけばだったり色が悪くなったり、どんどんみすぼらしくなっていくからだ。

その始末の方法の一つに「切り目磨き」というものがある。切り目、つまりコバを一片一片磨いていく技法だ。

水を含ませたコットンで力を込めながら素早く磨くことで、剥き出しになっている繊維のタンパク質が摩擦熱で変質する。そうしてガサガサが一転つるつるに。そこからさらに磨き込んでかまぼこのような丸みを帯びてきたら、水溶性の染料を塗布してさらに磨き込む。こうして完璧な「切り目」が完成。上品な光沢を帯びた切り目は、革を縁取る美しい額縁になってくれる。

僕の「磨き」は、親父から受け継いだものだ。なぜなら親父の磨きは、「切り目の長谷川」なんて異名を持つほど美しい仕上がりだった。といってもそれ自体は昔からある技法なので、受け継いだのは、技というよりはこだわりと言うべきかもしれない。もちろん磨くだけなので誰にでもできると思うのだが、手作業によるほかなく、量産にまったく向かない技法でもあった。だから、日本はもとより世界中のメーカーが、コバをこってりした顔料で塗り固める技法に走ったのも無理のないことだった。

顔料仕上げだって、少なくとも新品のうちはピカピカに輝いていてとても美しい。革と違う色の顔料を使えば、デザインの遊びにもなる。

だけど、その仕組みは所詮、厚塗りのお化粧やペンキ塗りなどと同じなので、残念ながらいつかはひび割れしたり剥がれたりする運命にある。

出したりしまったりする中で、財布がどこから傷みやすいかといえばこのコバだ。世界中のメーカーが顔料仕上げに走る中、「磨き」にこだわり続けてきた理由はここにあった。いつか劣化すると分かっているものを作るわけにはいかないじゃないか。

ちなみに、エルメスの革製品も「磨き」が得意で、世界最高峰の革製品とされるだけあってなかなか美しいが、僕の磨きも勝るとも劣っちゃいなかった。しかも、何年使い続けてもシワひとつ寄らない。

コバの始末には、「切り目磨き」のほかにもいくつかあって、スタンダードなのは、「ヘリ返し」だろう。コバを財布のヘリに沿って内側に折り曲げて、その上を一直線に縫う技法で、コバを財布の内側に隠すことで切り口が保護される。だけど僕はこの「ヘリ返し」にもうひと手間を加える、「ヘリの後切り」という技法しか使わなかった。

「ヘリの後切り」は、「ヘリ返し」によってできた縫い目の外側をカッターで一直線に切り落とす技法で、「磨き」と同じでとにかく手間がかかる。それどころか、少しでも力加減を間違えれば、下の革まで切ってしまうリスクがある。だとしても、こんなに優れた技を使わないわけにはいかなかった。

余分なヘリがなくなることで、まず仕上がりが格段にハンサムになる。しかも財布の耐久性まで上げてくれる。余分なヘリはぺろぺろとひっかかって縫い目にじわじわ負荷をかけるのだが、そのヘリ自体がなくなるからだ。おまけにその裏にチリやほこりがたまることもなくなるので、清潔も保ちやすい。ちなみに、もともとはイタリアの伝統的な技法なのだが、今ではイタリアでもすっかり廃れ、幻の技法となっているそうだ。

コバは、財布全体の面積からすればほんの小さな部分に過ぎないが、この始末をするかしないかで出来上がりは雲泥の差。美は細部に宿るというのは本当だ。

長谷川製作所に勤めていた時、僕は、この磨きも、ヘリの後切りも、「至高の一点もの」などではなくあくまで量産ベースで、誰も真似したいとも思えないほどのレベルを貫いてきたのだが、革包司博庵の最初のお客様は、そんな僕の仕事をよく理解してくれていたという話。ありがたいことだ。

なお、「博司くんのコバ」のファンはほかにもいて、革包司博庵は開業当初から彼らでずいぶん賑わったのだった。ちなみに、僕は長谷川製作所ではお得意さんたちに博司くんと呼ばれていた。

ベタ貼り

小さい規模ながら顧客もできて、新参メーカーとしてはまずまず順調なスタートを切っていた。しかし、もう一つの新事業、自社ブランド「MAISON de HIROAN」はまだ始動できないでいた。というのも、ファクトリーブランドだというのに、ある技術がまだ完成していなかったのだ。のちに「MAISON de HIROAN」の財布のトレードマークとなる、「ベタ貼り」だ。

革には「床面《とこめん》」と呼ばれる裏の面がある。そもそも外気に触れるはずのない組織の内側なので、摩擦や乾燥に弱く、脆《もろ》い。だから、なにかしらの始末が必要になる。一般的なのは、床面の上に別の革や合皮、あるいは布帛《ふはく》などを重ねて縫い合わせる始末だろう。だけど、素材が安手だと破れやすくなるし、縫製の技術が低いとゴワゴワと野暮ったくなって財布の美しさを大きく損ねてしまう。

そこをいかに美しく仕上げるかが財布メーカーの腕の見せ所なのだが、僕は、長谷川製作所時代から、この工程自体をいっそなくしてやれないかと考えていて、そのために、2枚の革の床面同士を糊で貼り合わせて1枚にする「ベタ貼り」という技法を黙々と研究していたのだ。

「ベタ貼り」もまた昔からある技法だが、見てきた限り、精度の低いものばかりだった。2枚の革がたわんでいたり、あるいは分厚かったり。そして、接着の甘さを補うために必ず縁がぐるりと縫ってあるのだった。

僕が目指したのは、もともと1枚の革なのではないかと錯覚するほど完璧に貼り合わさった究極のベタ貼りだった。もちろん、ミシンで補強する必要がないほどに。

言ってみれば壁のクロス貼りと同じような仕組みだ。だけど、それを天然の革で、しかも折ったり伸ばしたりする財布用に仕上げる難しさは想像を絶するものだった。長谷川製作所時代は、月1回の中国出張もあって、なかなかまとまった時間もとれず、結局完成させることができなかった。

そんなわけで革包司博庵を立ち上げて最初の1年は、引き続きというのか、ベタ貼りの研究に明け暮れることになった。

糊の種類を変えてみたり、圧着の時間を変えてみたり、あるいは革の問題かもしれないので、様々なグレードの革で試したりもした。気が遠くなるような手間をかけて試行錯誤を繰り返したが、何日か経つとやはり剥がれてしまう。

ありがたいことに新参メーカーの割には仕事のほうも順調だったので、仕事と研究の二足のわらじ生活はしばらく続き、帰宅は毎日のように夜中の11時を回っていた。

そんな生活を1年続けた頃、結局、思いもよらなかった分野からヒントが舞い降りてきて、僕が理想とするベタ貼りは、うららかな春の日に突然完成した。

一枚革だと錯覚するほど自然に貼り合わさっているので、革に詳しくない人が見たら、革の裏側ってこんな風になっているのかと勘違いするかもしれないなと思った。実際に勘違いした人もちらほらいて、しめしめと思った。

そして、運命的な符合としか思えないのだが、ベタ貼りのレシピが完成した直後に、1年前に出願していた「MAISON de HIROAN」の商標登録が受理された。こうしてある日突然、名実ともにブランドが完成したのだった。

縫い目のない財布

完成したベタ貼りは、まったくもっていいことしかなかった。

革を2枚貼り合わせた状態で1ミリに満たない薄さを実現していて、だけどペラペラ頼りないということもなく、ゴムの板をスライスしたようなしなやかな張りは財布の使い心地をすばらしいものにしてくれるだろうと予感させた。どんなデザインの財布でも格好良く仕上がっただろう。だけどそこは奇を衒《てら》わず、スタンダードな形にこだわることにした。

もちろん、まわりを縫わなくても絶対に剥がれない。もともと、革に孔《あな》をあける縫い目は少ないほどいいと考えていて、少なくともデザイン感覚でわざわざ増やすようなものではないと考えていたのだが、ベタ貼りのおかげで、本来縫うべき場所さえ縫う必要がなくなった。あるべき場所に縫い目のない財布は、これまで見てきたどの財布よりも、凛として、品があった。

「縫ってないのに剥がれる心配はないの⁉」
「おたくのは剥がれるけど、うちのは剥がれないよ！」

同業者とのこんなやりとりも何度あったか分からない。それほど難しいことをやり遂げたのだった。そして、誰にも言わなかったが、できあがった財布の美しさを見て、このベタ貼りは世界一のレベルに違いないと密かに確信していた。その5年後に起きたとある出来事のおかげで、いよいよそう確信できたのだけど、その話はまたのちほど。
もちろん革も相当吟味した。ベタ貼りが、革の持ち味をさらに際立たせた。いや、革のよさがつくりを際立たせたのか。なんにせよ、美しいことといったらなく、それをこの手で作り出せた喜びに、震える思いがした。

名刺入り名刺入れ

なにしろたった一人なので、「そんなことをしている暇があったら」などと茶々が入ることもなく、理想の財布づくりを存分に追求できる幸せを噛み締めていたが、営業のほうもなかなか巧かったんじゃないかと思う。

といっても、「革包司博庵 長谷川博司」と書かれた名刺を、「MAISON de HIROAN」の名刺入れに入れて、出会った相手に名刺入れごと差し上げる。それだけだ。

金具もマチもない、エンヴェロップ型と呼ばれる極めてシンプルな封筒型の名刺入れだったが、切り目磨き、ヘリの後切り、ベタ貼りと、自慢の技術がコンパクトに詰め込まれていて、中から名刺を取り出してもらうそのひと手間で違いが伝わるだろうと考えた。

これまでいくつの「名刺入り名刺入れ」を交換したかなんていちいち数えてもいないし、もちろん仕事につながらないほうが多いが、なにしろ渡すだけなので、なんの無理もなく続けることができた。

仕事につながらなかった相手のうち、この男のことはなぜかよく覚えている。仕事につながらないもなにも、その男は保険屋だった。

「わたくしこういう者です」と、その保険屋がうやうやしく差し出した名刺を受け取る直前に、彼の名刺入れがめっぽうみすぼらしいことに気づき、思わず財布屋としての本音が口を衝いて出てしまった。

「初めて会った相手にいきなり保険加入はないだろうよ。それよりさ、そんな汚い名刺入れから出てきた名刺、受け取りたくないよ」

我ながらひどい。何が僕の琴線に触れたのか分からないが、なぜか件《くだん》の名刺入れを差し上げていた。しかも、差し上げるだけで終わらなかった。

「自分が売り物だと思って名刺入れぐらいちゃんとしたのを持ったほうがいい」に始まって、「名刺入れに名刺を溜め込みすぎないほうが相手の心証もよい。その点、この名刺入れはマチがなくて20枚も入らないからちょうどいい」とかいうあたりを、滔々《とうとう》と言って聞かせていた。彼はといえば、ふんふんなるほどと相槌を打ちっぱなしだった。

最終的に、「いやぁ、ほんとに勉強になりました！」と言って帰っていったが、保険の話をさせてもらえないどころか、初対面の相手から長々説教をくらって帰ることもできず、トラウマものの出来事だったかもしれない。僕にしたって、そのあと転職した彼から仕事を発注され、などということも特にないのだった。

名刺入り名刺入れ営業は、そんな調子でたびたび脱線しつつも、交換した時の相手の反応である程度の見込みも立てられるようになった。そうして自然と商売は広がっていき、一年ほどで、「MAISON de HIROAN」の名前はこの業界ですっかり通じるようになった。

火付け役になったのは、日本航空の機内誌に載った「セレモニーケース」だった。いわゆる袱紗《ふくさ》で、エンヴェロップ型の名刺入れをそのまま大きくしたつくりだ。不祝儀でも使う袱紗を革で作るのはまずいんじゃないかとも思ったけど、パスポートもすっぽり入るモダンな革のケースはたちまち話題を呼び、難なくロングセラー製品に育っていった。

大手のテレビ通販「QVCジャパン」の企画で、ベタ貼りの革で小さなトートバッグを作ったのも大きなチャレンジだった。まだまだ無名のブランドで、しかも売値が10万円以上になってしまったのにもかかわらず、30個ほどもあった在庫がものの数分で完売して、番組は騒然となった。

こうして実績を積みながら、紳士用財布の主戦場でもある百貨店との取り引きが始まり、「MAISON de HIROAN」の知名度は徐々に上がっていった。着々と仕事も増え、仕事場もどんどん手狭に。創業した翌年には、すぐ近所で見つけた16坪の物件に引っ越した。

広さが2倍になったので、機械や作業台を少し増やすことができて、いわゆる「社長デスク」まで置くことができた。デスクも椅子も、ニス塗りなどしていない無垢材で仕立てた。財布だって机だって、人の肌に毎日触れるものは、なるべく生のものがいい。

お客さんを気軽にお招きできるようになったのも大きかった。仕事の手が止まる時間も減ったし、財布や革の見本をあれこれ持ち歩かなくて済むようになった。一緒に仕事をしていこうという相手に、仕事場を見てもらうのも大事なことだと思った。その物件はなかなか快適で、結局4年ほどいた。

それから3度目の引っ越しをした。

蔵前で見つけた掘り出し物の中古ビル。元はおもちゃ問屋だった3階建ての建物で、1

階と2階を仕事場にして、3階を住居にすることに。

改装には目玉が飛び出るほどの金額がかかったが、ここには長くいるだろうという予感がし、ならばそのうちに元はとれるだろうと踏んだ。そうして、女房と息子、家族ごと引っ越した。

2006年。生まれ育った家と同じ、職住一体型だった。

僕は55歳になっていた。

10年目

蔵前の新しい仕事場は敷地33坪だった。この広さは、とうとう人を増やせるということを意味していた。9人か10人ほどの職人がゆったり作業できる計算だった。

ところが僕は、人を雇うことに少々神経質になっていた。というのも、独立して最初の頃にも何人か雇ったことがあったのだが、それがことごとくうまくいかなかったのだ。

たとえば最初に雇ったのは、息を吐くように嘘をつく男だった。

「裁断したやつ、革漉き屋さんにもう入った?」

「入りました！」

「そう。で、その足元にある紙袋は？」

「あれぇぇぇ!?」

こんなどうしようもない嘘に何の意味があったのか分かろうとする気さえ起こらなかったが、不愉快だとかいうこと以上に、嘘は事故を起こす危険があったので、問題外もいいところだった。

そんなことがまあまあ続いたものだから人を雇うということがなんだか恐ろしくなって、しばらくは女房にあれやこれや手伝ってもらいながら、結局一人で財布を作っていた。

ところが蔵前に移ってからというもの、なぜかリクルートは順調にいき、一人、二人と、優秀な人材に次々出会うことができた。

そのうちの一人は、腕だけでなく頭の回転がとてもよい女性で、人に指示を出す時も、お客と打ち合わせをする時も、気の利かせ方が抜群によかった。彼女は、そのうち僕の代わりを任せられる番頭さんになるまで成長した。今時はチーフとかなんとか言うのかもしれないが、僕自身がしっくりこない名前で呼ぶのも誠意がないので、令和になった今でも「番頭さん」と呼んでいる。

　こうして33坪の新しい仕事場はどんどん活気づいていき、引っ越しから1、2年経った頃にはすっかりメーカーの体を成していた。

　といっても9人の定員を超えることはなかった。それ以上に作り手を増やすということは、外の職人に外注するしかなく、それは僕の目が行き届かなくなることを意味し、それにはまだまだ時期尚早だと思った。ただ、皆の手もどんどん早くなるし、受注の量さえコントロールしていけば問題はどこにもなかった。

　やがて僕がちょっとくらい席を外しても、財布づくりがストップすることがなくなった。おかげで今度は様々な人と出会う機会が増えて、海外の展示会なんかにも出られるようになっていった。革包司博庵の運命を大きく変えることになる、とある特別な財布が生まれたのはそんな頃だった。


　豊前小倉に伝わる小倉織《こくらおり》という織物がある。武士の袴や帯のために織られた縦縞の木綿布なのだが、昭和初期に一度途絶えてしまったところを、染色作家の築城則子《ついきのりこ》さんという女性が見事に復元した。その築城さんと一緒に財布を作ることになった。

小倉織は、絹かと見紛うような上質な艶《つや》と、革のような重厚感をたたえた美しい木綿の織物だった。築城さんの手にかかった縦縞は配色が抜群にモダンで、まるで芸術作品のようだった。実際に日本伝統工芸染織展で文化庁長官賞を受賞されたこともあり、また、海外での評価も高く、ヨーロッパの展示会などでは注目の的だった。

そんな極上の伝統工芸と革とをベタ貼りで一枚に仕立てるには、相当に細かい神経を要した。はっきり言ってプレッシャーなんてものじゃなかった。だけど、手に取って間近で見た小倉織は本当に美しく、職人として腕がなったのも確かだ。革とまるで勝手が違う素材を前に、ああでもないこうでもないと試行錯誤を重ね、最終的にそれはそれは美しい財布ができあがった。

ある時、とあるブランドの職人たちが福岡にある築城さんの工房に小倉織の見学にやってきて、この財布に目を留めた。手に取ってしげしげと観察し、そして築城さんにこう質問したそうだ。「この財布はまわりが縫われていないけど剥がれないのか」と。後日、彼らは世界一と名高いパリのメゾンブランドの職人集団だったと聞かされた。

彼らが世界中の職人や工房を訪ね歩いていることは有名な話で、その貪欲なアルチザン精神に、同じメーカーとしてたいそう感心していた。だけど、ベタ貼りのような派手とは言い難い技術に関心を寄せるとは、正直驚きだった。

そしてよくよく考えたら、この出来事は、うれしいどころではない大きな意味を持っていた。彼らが目を留めたということは、このベタ貼りの品質は世界一のレベルなのじゃないかと。自信が確信に変わった瞬間だった。

だけど、切り目磨きやヘリの後切りならともかく、ベタ貼りは門外不出の秘伝レシピ。どれだけ感心されたとて、他所のメーカーに教えて差し上げるわけにはいかない。結局それきりのこととなったが、なぜかヨーロッパからの来訪者はたて続き、中には、自社のファクトリーで技術指導にあたってほしいというイタリアの革製品ブランドまであった。

その一連の出来事は誰が広めるでもなしにいつの間にか伝説のようになって、多少の尾ひれまでついて広まっていった。せっかくの尾ひれをわざわざ否定しなかったのは確信犯だが、真相はこんな感じだった。

目の前の財布をよくすることに集中していたら、いつの間にかそんなことで賑わうようになっていた。光栄に思うと同時に、これはうかうかしちゃいられないぞと身が引き締まる思いだった。

そこからさらに5年ほど経った頃には、ソウルの現代百貨店と取引が始まった。

気づいたら、革包司博庵を立ち上げて10年の歳月が経っていた。

ヒロアンのOEM

革包司博庵は他所のブランドの財布を黒子として作る、いわゆるOEM（Original Equipment Manufacturing）生産も手がけている。そこにもまた様々なドラマがあって、たいそう勉強になる。

まだ独立して間もない頃だったと思う。知人の紹介で、とある男が革包司博庵にやってきた。作業台を挟んで向き合うやいなや「うち、こういうの作ってるんだよね」と、財布をポンっと投げてよこした。

話の行く先は分かった気がしたが進行を助ける気にもならず、財布を手に取らないまま

「どこにでもある財布ですね」と応酬した。実際、どこにでもあるようなつまらない品質だった。要は、量産するのに協力メーカーを探しているという話なのだが、ならば素直にそう言えばいいのにと思った。

男はひとしきりぐちゃぐちゃと何か言っていたが、「おたくみたいな開業したばかりのメーカーにはありがたい話でしょ」という体《てい》で話を進めたいことも理解できた。だけど、ありがたい話かどうかは、そっちが判断することじゃない。案の定、だいぶ安い工賃をふっかけてきた。

予算がないならないで、素直にそう相談してくれればいいのにとイライラした。だから、「この仕事、やるかやらないか決めるのは誰だか知ってます？　僕なんですよ」と、苛立ちを隠すこともせずに尋ね返した。

非礼に腹が立ったのか、見込みなしと判断したのか、男はぶつくさ言いながら帰っていき、後日、仲介した知人が「あんな失礼な話だとは思わなくて」と、菓子折りを持って謝りに来た。謝ることなど何もない。メーカーの名前を掲げている以上、避けては通れないよくある話だからだ。

「喧嘩して断るメーカーなんてこのご時世お前くらいだ」と同業の先輩には呆れられた。確かにありがたくない話をありがたい話になるように駆け引きするのもメーカーの腕の見せ所だろう。だけど、この腕で「つまらない品質」の財布を作るのは嫌だったし、だからといってこの男のためにいい財布を作れる気もしなかったのだ。この出来事のおかげで、駆け引きする時間さえ惜しい相手が存在することを知った。

と、さんざんな顛末をご披露しておいてなんだが、僕はＯＥＭ生産が好きだ。

ＯＥＭの流れはだいたいこうだ。まず、こういう財布を作りたいと、ブランド側からデザインや企画の原案をいただく。もともとうちで持っている型をほぼそのまま使える場合もあれば、まったく新しいデザインを提案されることもある。

そしてここが僕が頑固などと思われる所以であり、メーカーの真骨頂でもあるのだが、「これだとお金が出し入れしづらいからここはこうしよう」とか、「ここをこう変えれば耐久性が上がる」といった具合に、一か所一か所、弱点を指差し確認しながら、提案を〝現実〟に調整していく。その一方で、専門家ではないからこその岡目《おかめ》八目《はちもく》なアイデアや感性に感心してしまうこともよくある。

そこには上も下もない。たとえるなら車の両輪というところだろう。どちらが欠けても車は走れないし、こうして肚でつながれたブランドとのOEMほど楽しい仕事もなかなかない。

なのに、メーカーの意見を生意気な口ごたえにでも感じるのか、あからさまに面白くない顔をするブランドも中にはあった。車の両輪どころか、ブランドは馬車を引く馬、メーカーは引かれる通りに走る馬車だとでも思っているのだろう。まったくご苦労なことだ。

当時OLさんの間で大人気だった、とあるアパレルブランドもそのタイプだった。パスポートケースを作りたいというので仕様を聞いたら、まさかのパスポートが入らない形だったので、間違いじゃないかと何度も聞き直したが、メーカーは指示した通りに作ればいいの一点張りで、とりつく島もない。

革小物は専門外だろうし、そのあたりが分からなくてもまあ仕方がないかと、とりあえず仕様通りのサンプルを作って見せたら、「これじゃあパスポートが入らない！」と怒られて、その理不尽さに面食らった。

いっそ引かれるままに走ってやったほうがお互い幸せなのではないかと思われることもあるだろうが、そんなのは安易だし、なにより無責任だ。革包司博庵から出荷された製品が使いづらかったとか、はたまた壊れたとか、そんな話はあってはならない。

品質の端を握るメーカーは、常にスマートでなくてはいけない。

「いきがり」は問題外だけど、謙虚が度を越した「へりくだり」も決してよくない。相手を持ち上げたり、引かれる通りに走る従順な馬車に徹したところで、決してよいものづくりにはならないからだ。

とはいえ、僕は僕でいろいろ学習していき、

「僕たち、肚でつながれそうもないので、ほかのメーカー紹介しましょうか？」

と、スマートに退散する術も身につけていった。

「うちから注文出さないってなったら、困るのは長谷川さんじゃないの？」なんてなめた口をきかれたのも比較的最近の話で、誰もが知る大手ブランドだった。

「そのひとことで決まりだ。絶対にうちに来るんじゃないぞ」と極めてスマートに応酬し、やはりそれきりの関係になった。メーカーと肚でつながれない限り、ブランドの品質が安

定する日は来ないだろうに。

こうして明らかにありがたくない話をあっさり断れるようになったのは、「いざとなったら自分ちの軒先で売ってやる」という覚悟を持っていたせいもある。実際に革包司博庵の軒先で「MAISON de HIROAN」のB級品セールをしたこともあるが、これがものすごくよく売れた。しかも、「いい財布だね」なんてお褒めの言葉をいただきながら。

そう、自社ブランドの存在も大きかった。

自社ブランドとOEM生産の売上げ比率は、独立当初は0対10だった。最初の1年は存在さえしていなかったのだからゼロなのは当たり前だが。それが、20年の歳月をかけてだいたい8対2の割合に逆転した。

まるでOEM生産の受注を10から2に減らしたように見えるかもしれないが、そうではなく自社ブランドの売り上げが伸びたのだ。売り上げが伸びただけでなく、「MAISON de HIROAN」の製品を通して革包司博庵の技術力が広まり、錚々たる国内ブランドが訪ねてきてくれるという好循環も生まれていった。

ものづくり界のニューノーマル

ほかの業界ではそんなこともないようだが、アパレルや革小物のＯＥＭは、製造元メーカーの名前を明かさないという不文律がある。

とあるハンドバッグメーカーに何かの用事で打ち合わせに行った時のこと。他所の生産ラインが物珍しくてしげしげと眺めていたら、当時一世を風靡したとあるドメスティックブランドのバッグが流れてきた。特徴的なつくりをしていたのですぐに分かった。

あそこのバッグは日本製だったのかなどと呑気に感心していたら、担当者が慌てふためきながらやってきて、「うちで作っていることは絶対内緒に！」と必死の表情で訴えてきた。もちろん口外するつもりもなかったが、ブランドによっては不文律どころかトップシークレットだったりする。

この慣習は、ブランドとブランドが同じマーケットの中で競合していく中で、製造元という手の内を明かしたくないという理由に端を発するのだと思う。だけど、メーカーにしてみればものづくりという本分に専念できるし、だいたい買う人にしたって、無骨な工場よりも洗練されたブランドの世界観の中で買い物をしたほうがいいだろう。なんにせよ、誰もが得する本当に優れたシステムだなと、それまでは思っていたが、どうやらフランスのパリではちょっと勝手が違うことを知った。

これは、パリにあるグッチの旗艦店で働いていたという人物に聞いた話だ。彼が言うには、そこでは結構な数のフランス人が「これはグッチの自社工場で作られたもの？」と、手に取った製品の製造元をいちいち尋ねるのだという。高級品だからというのもあるのだろうが、いかにも職人技を尊ぶ彼の国らしい話だと思った。じゃあグッチのお膝元、本国イタリアのイタリア人はどうなのかというのも気になるところだが。

そしてここ日本では２０１２年に、山田敏夫くんという若者が「ファクトリエ」というアパレルブランドを創設して、そのあたりの慣習を大胆に取り払った革新的な商売を展開し、大きな波紋を広げていた。

「ファクトリエ」はアパレルから雑貨まで幅広く展開していて、最近では食品やマスクまで扱っているようだが、ともかくそのすべての製造を、日本国内の錚々たる一流メーカー陣が請け負っている。だけど、そこまでは品質にこだわるブランドならどこでもやっている普通のこと。

「ファクトリエ」が破天荒なのは、製造元のメーカーの存在を開示し、その存在を前面に出す点だ。それこそ社長の山田くんが、メーカーを一軒一軒訪ねて、ビジョンを熱く語りながら決死の思いで口説いたのだそうだ。長年粛々と黒子に徹してきた古参の国内メーカーは、山田くんの申し出に度肝を抜かれたことだろう。

そんな山田くんが革包司博庵を訪ねてきたのは、「ファクトリエ」の設立から間もない頃だった。俳優にでもなったほうがいいんじゃないかってほどのいい男で、むしろそちらに度肝を抜かれた。

先述の、パリのグッチで働いたことのある人物というのは、ほかでもないこの山田くんで、フランス人が製造元を気にするという話もこの時に聞かされて心がざわついた。

以来、「ファクトリエ」にはいくつかの型を納めるようになって、ホームページには、財布の写真と一緒に、無骨な工房で撮られた無骨な僕の写真がでかでかと載っている。照れくさいけれど、不思議とうれしい。山田くんいわく、お客さんも作り手の顔や思いが見えるほうがうれしいのだそうだ。その意味もなんとなく理解できた。レストランの料理だって、シェフの人となりを知っているほうが、よりおいしく感じるし、安心もする。きっとそんな感じなのだろう。

その後、山田くんの情熱と手腕で「ファクトリエ」はみるみる大きくなっていき、革包司博庵から納める型もあれよあれよと増えていった。

売り手よし、買い手よし、世間改め作り手よしの、あまりに見事な三方よしに、実にうまいことやり遂げたものだよなあと感心していたある日、山田くんが、僕の大好きなテレビ番組『カンブリア宮殿』に出演していてたまげた。もうこれからは山田くんなどと気楽に呼べないかもしれないなどとふと寂しくなったが、親しみやすい山田くんのことだから、なんなら他所のメーカーの職人さんたちにもまだそう呼ばれているかもしれない。

このファクトリエは例外として、革包司博庵のOEMは、名前を明かさなくても、すぐに足がつく。なんていうと悪いことをしているみたいだが、「お前んとこの仕事だろ」と、同業者にとにかくよくバレる。「教えられるか、ばか」とやりすごすけれど、まあ悪い気はしないかな。だけどここ何年かほどで、「HIROAN」の名前がブランド名と並ぶダブルネーム企画もずいぶん増えた。製造元の名前を明らかにしたほうが、品質への信頼が高まる効果があるのだという。

黒子のはずのメーカーが表に出る時代が来るなんて、昔なら考えられなかったことが起き始めている。十年一日のごとく変わらないと思っていた百貨店にも、ブランドではなくメーカーの直営店が増えていると聞く。

世の中は案外、変わる時はあっという間に変わっていくのかもしれない。

メイドインジャパンということ

日本製。それ自体がブランドのように持て囃《はや》されていたかと思えば、一転、「最近の日本製は大したことない」などと揶揄《やゆ》されたり。そもそも品質の優劣を表す言葉ではないのに、なんだかおかしな風潮だ。極端な話、韓国の生地を中国の工場で縫製していても、仕上げのボタン付けだけを日本で行えば、それは日本製となってしまうというのに。

その点、革包司博庵のすべての財布は台東区蔵前で作られているので、紛うことなき純日本製だが、そんなわけもあって、「さすがメイドインジャパン」とか「日本製ならでは」とか評価されても、なんだかなあと思うところはある。

ソウルの現代百貨店といえば、狎鴎亭《アックジョン》に本店を構える韓国の高級デパートだが、２０１１年から縁あって取引が始まった。外国での展開は初めてだったのでなかなか緊張したが、ありがたいことに評判は上々のようだった。

最初は「メイドインジャパン」コーナーでの扱いだったのだが、ある時、現代百貨店で取り扱う日本の財布は「MAISON de HIROAN」一本に絞ることになったと聞かされて、日本の百貨店ならまずないような大胆な決断に驚いた。

仲介者として利益度外視で奔走してくれたソン・ヨンホ氏という気持ちのいい人物がいて、彼が言うには、「韓国の革好きでHIROANを知らないやつはいない」とのことだった。日本でもそんなことはないと思うのだが、本当だろうか。彼のためにも売上が落ちたりしたらどうしようとハラハラしたが、結局、財布フロアの売り上げはなんと3倍になったそうでほっとした。そして、「メイドイン」よりも「メイドバイ」のほうが意味を持つ時代になったのかなとぼんやり考えた。

ちなみに、この取引をきっかけに韓国旅行は長谷川家の恒例行事になり、訪れるたびにソン・ヨンホ氏は家族総出で歓待してくれた。彼の自家用車に2家族がぎゅう詰めになって、ソウルから釜山まで長距離ドライブをしたのもいい思い出だ。

またある時、北イタリアのフェラーラという都市の、割と著名なレザーブランドの社長が通訳を引き連れて、イタリアからわざわざ蔵前の仕事場にやってきたことがあった。フェラーラのファクトリーに何か月か滞在して職人に技術指導してほしいという話だったのだが、「じゃあ滞在中に僕が作った分を"MAISON de HIROAN made in Italy"として売りたい」と交換条件を出した。つまり、「メイドインジャパン」であることは僕にとってそれほど重要じゃなかった。

made in Italy計画はとてつもなく複雑な手続きを要することが分かり、結局幻のプランとなったが、今考えてもなかなか洒落たアイデアだったな。

そんなわけで、日本という国は大好きなのだが、メイドインジャパンの誇りにかけて、みたいな殊勝な心がけはあまり持ち合わせていない。僕が幸せを感じるのは、あくまで「革包司博庵の財布」を褒めてもらえた時だ。

だけど、それこそメイドインジャパンを代表するようなメーカーや、人間国宝のような職人たちだって、ものづくりのモチベーションはこのへんにあるような気がするのだが、どうだろうか。一度聞いてみたくもある。

紳士の革財布

【束入《たばいれ》・純束《じゅんたば》】

紙幣を〝束〟のまま折らずに収納できる小銭入れのない財布。二つ折りの財布より紙幣を多く収納できる。小銭入れつきのロングウォレットと判別するのに「純束」と呼ぶことも。「長札《ながさつ》」や「長札入れ」とも呼ぶ。ちなみに「長財布」は正式名称ではない。


【札入《さついれ》・純札《じゅんさつ》】

小銭入れがついていない二つ折り財布。「純札」とも呼ぶ。「札入」という呼び方には、あとから登場した小銭入れつきも含まれるので、判別するために、「純」をつけるようになったのだと思う。僕も愛用している。

本題に入る前に、ここで登場する財布の名前を記してみた。少なくともきちんとした革小物メーカーは今も使っている正しい名称なので、知っておいて損はないはずだ。

というわけで本題に。三代続く紳士専門の財布屋が、紳士の財布について少し語ってみたいと思う。とかく紳士たちは、革の質感がどうの縫製がどうのとまあうるさい。それはいい。むしろ腕がなるというものだ。ただ、財布屋の本音を言わせてもらえば、紳士たるもの、「束入」や「純札」を使いこなしてほしいと思っている。

小銭入れのない財布なんて使っていられないと思うだろうか。たしかに最近では財布売り場の店員でもその意味を知らないことがあるというくらいだから、よほど少数派になったのだろう。それでも革包司博庵が「束入」や「純札」の製造を絶対にやめないのは、なにしろべらぼうに格好がよいからだ。はっきり言って、財布一つで男ぶりがかなり上がってしまう。

紳士専門の革財布屋として、その需要がすっかり減った原因を考えてみたのだが、社会の仕組みが変わったことに起因するのじゃないかと思った。

多くの家庭で父親不在の時間が増え、少年たちが目にする財布といえば、レシートと小銭がパンパンに詰まったおかあちゃんのオールインワン財布ばかりになったというあたりじゃないかと。

思い出してみれば、昔の男の財布は大概すっきりした「束入」や「純札」で、僕の親父も「束入」を愛用していたものだ。すっと取り出し、支払いを済ませるまでの一連の所作がなにしろ粋だった。しかも、どんな分厚い札束を入れようとも膨れることなく、服のシルエットにすんとも影響しない。

そんな僕の悲願が実を結んできたのか、実は何年か前から、小銭入れのない「束入」や「純札」の需要が盛り返してきている。もしかしたら単純にキャッシュレス化の影響かもしれないが。だけど理由はなんにせよ、あのスマートな財布を粋に使いこなす男が日本に増えているのかと思ったら、紳士のための革財布屋としてはやっぱりうれしいものがあるのだった。

小銭入れ

小銭入れのない財布をさんざん勧めているが、じゃあ小銭をどうするという問題がある。欧米の男のようにポケットにそのままジャラジャラ入れるのだって、男らしいといえばだいぶ男らしいが、清潔な日本人にはまず馴染まない。

財布屋から言わせれば、男のぶっとい指には、専用のコインケースが圧倒的に扱いやすい。レジの前で小銭をチマチマやった挙句に床にぶちまけるなんてみっともない事態も防げるはずだ。

コインケースにもいろいろな形があるが、なかでもおすすめは馬蹄型だ。伝統的な形なだけあって本当に使いやすい。ところがこの馬蹄型の流通が近年めっきり減ったと聞く。それもそうだろうなと思う。馬蹄型は、とにかくいろいろなことが難しい。

財布の中で唯一の立体。平面の財布を仕立てるのとはまったく異なる、専門的な職人技が要される。そして独特のアールを描いているため、図面起こしも非常に難しい。また、革の抜き型を一つ作るのにも何十万円とかかって、おまけにその抜き型を作る職人までずいぶんと減った。

革と革の摩擦だけでフタを留めておく構造なので、ブライドルレザーやコードバンのようにしっとりふっくらした革で仕立てないとスカスカして具合が悪いのだが、その革がこれまただいぶ手に入りづらい。

などと、しんどい理由はいくらでも挙げられるが、「紳士用専門」のメーカーとして、こんなに優れた財布を作らないという選択肢はなかった。

作ってみたらみたで案の定、試行錯誤の連続だった。だけどいつの間にか、よい馬蹄型を作れるメーカーは一流だなどと言われる時代になっていたので、それは多分にラッキーだった。なんでも続けてみるものだ。

余談になるが、お隣韓国ではコインケースの需要が日本よりもぐっと低い。なんでだろうと気になってソウルに住む韓国人の友達に聞いてみたら、ひとしきり考えた挙句、「韓国の小銭は500ウォンが一番高いからだろうなぁ」と結論づけた。日本円で50円ほど。なんとなく分かる気がした。

せっかくなので革の話も少し

紳士用の財布のおもしろいところでもあるのだが、どんなにつくりがよかったとしても、革がよいものでないとなかなか品質がいいとは認めてもらえない。

これは革製品全般に言えることだが、革がよいものだと、経年変化は「エイジング」とか「味」とか呼ばれるポジティブな変化になり、「革を育てる」みたいな感覚も引き出される。ところが革がよくないと経年変化はただの「劣化」となる。革のよしあしを決めるのが何かと言えば、鞣《なめ》しだ。

鞣しとは、そのままだと腐ったりカラカラに乾いてしまう生の皮をさまざまな薬剤を使って加工して、革という安定した素材に変えること。その業者のことをタンナーと呼ぶのだが、堅牢性や美しさといった革の持ち味をどのように増幅できるかがタンナーの腕の見せどころだ。鞣しが巧いと、革の表面がきめ細かくしっとりとして、色をつけた時の発色もよくなる。特に水溶性の染料を染み込ませる「水染め」は、鞣しの差が歴然と出る。

財布に使う革はこの水染めが最適なのだが、美しい水染めの革と出会うのも、一筋縄ではいかない。

元来ものづくりは材料の供給元近くで発展しやすい。河岸の近くに寿司屋が集まるようなものだな。そして革製品の材料の供給元といえば、タンナーだ。たとえばイタリアなら、トスカーナ州のサンタ・クローチェが世界的に有名なタンナーの集積地帯だが、その周辺に革製品のメーカーが集まっていて、革製品の一大産地ができあがっている。イタリアに限らず、ベルギー、オランダ、ポーランドと、革の生まれるところには必ず革職人や革メーカーが集まっている。

ところが日本は少し様子が違う。姫路の周辺は何十ものタンナーが集まる一大集積地帯だが、徳川の何代目かが江戸に職人を集めたことで、「材料」と「職人」の関係がいったん分断してしまった歴史があると聞いた。その代わりというのか、浅草周辺には革の問屋が発達している。そこで理想の水染めが見つかればラッキーなのだが、なにしろなんでもマニアックに突き詰めてしまう質《たち》なので、よい革と出会うためなら兵庫県くらいはなんの苦もなく行き来してしまう。

他所の仕事を手伝っている際に、とある革と出会った。通常、どんなに鞣しの巧い革でも、使い続けるうちにどうしても財布の折り目にボコボコとしたシワができる。ところがその革は、少し大袈裟に揉み合わせてみても、チリチリとわずかな細かいシワが出るのみだった。

こんな革は見たことがなかったので、仕事の隙をみて、兵庫県たつの市にある「モリヨシ」というタンナーへ赴き、代表の森脇さんに相談した。そうしたら、それよりさらに理想に近い革を開発していただけることになった。「モリヨシ」は昭和32年に創業した、家具用革のスペシャリストだ。ソファなど、それこそ摩耗や傷がつきものの日用家具のために磨いてきた技術は、財布に使っても遜色ないどころか、お釣りがくるほどだった。今では息子さんで専務の一茂君とも仲良くやっている。

世間ではヨーロッパのブランド革ばかりが目立っている気がするが、日本のタンナーも、トップクラスの鞣しは勝るとも劣らない。おかげで革探しの旅もだいぶ快適だ。

マニアックすぎるかとも思ったが、せっかくなので革包司博庵が愛用している革の一部をご紹介しよう。

【キップ】

生後2年未満の、子牛と成牛の中間にあたる牛の革を「キップ」という。きめ細かくて柔らいが、「カーフ」よりかは歳をとっているので強度も十分。キップの中でもお気に入りは「アルピナ」という革だ。トスカーナ州サンタ・クローチェのタンナー「オーバーロード社」の製品で、水染めではないものの、その上品な発色と風合いは類を見ない。エルメスもよく使っているようだ。

同じくトスカーナ州フィレンツェのタンナー「バダラッシィ・カルロ」社の「ミネルバ・ボックス」も非常によい。キップのショルダーを、トスカーナの伝統的なバケッタ製法で鞣したもの。どことなくカジュアルな風合いとリッチなきめを兼ね備えた極上のイタリアンレザーだ。シボの美しさも極上。

【ステア】

生後2年を経過した雄牛の革を「ステア」という。食用のために生後半年以内に去勢され、穏やかに成長。そのため肉と同様に革質もやわらかい。前述の「モリヨシ」に開発していただいた「ボーダー」もこのステア。傷や汚れの少ないグレードの高い北米産のステアを、〝ヘビタン〟鞣しにしたものだ。ヘビタンとはクロムで鞣したあとにタンニンを浸透させる技法で、銀面が引き締まり、まるでキップのようなやさしい風合いを引き出す。ヘビタンは略語で、語源はHEAVY RETANNING《再なめし》。HEAVY TANNINS《タンニン》という説も。

【コードバン】

馬の尻部分の角質層のことで、馬1頭から採れる量はごくわずか。しかも、歳をとって十分に硬くなっている必要があるなど条件がかなり厳しいため、紛い物も多い。純然たるコードバンは超がつく希少品だが、その特徴的な光沢は革好きをうならせ、革のダイヤモンドなどとも呼ばれる。タンニン鞣しがゆえ、堅牢度はそこまで高くなく、分厚く使うことで強度をフォロー。「MAISON de HIROAN」では、完全な水染めであるイタリア「ロカド」社のコードバンを使用している。

20年ほど前、極めて局地的にだが、僕は「コードバンのカリスマ」と呼ばれていたことがある。コードバンの財布を扱ってくれたとあるアパレルのお店が、「コードバンのカリスマ、降臨」と書いた、僕の写真つきのPOPを作って財布と一緒に置いてくれたのだ。コードバンを上手く扱える財布職人が少ないとかなんとかいう背景でそうなったと記憶しているが、確かにコードバンは扱いが難しい。ちなみに、40代以降の方は記憶があるかと思うが、その当時、美容業界を発端に「カリスマ」という言葉が一大ブームになって、そこらじゅうにカリスマがいたことを一応断っておく。

【エキゾチックレザー】

中でもクロコダイル革は高価なことで知られるが、魅力は希少性やゴージャスな風合いだけでなく、革の堅牢性にもあったりする。革の繊維が密なので使い込んでも革がよれづらく、経年変化にめっぽう強い。素材も希少、鞣しも難しいとあって、扱えるタンナーは減りこそすれ増えることはないだろう。世界的に爬虫類離れが加速しているが、逆にそこが面白いところで、いつまでも価値が崩れることがない。革包司博庵はお隣墨田区の「藤豊工業所」という専門のタンナーさんにかわいがっていただいている。ちなみにクロコダイルの肉は原産国の貴重なタンパク源だ。そしてなかなか美味い。

職人目線のSDGs

革小物業界にも、SDGsやらエコやらの波は押し寄せている。だけど、大事なことだからこそ、相当慎重に考察したほうがいい。エコのつもりがただのエゴだった、となりそうな落とし穴が至るところに潜んでいる。

このエコ時代に人気を集めているのが、渋、つまりタンニンで鞣《なめ》した、いわゆるヌメ革だ。だけど、純然たるタンニン鞣しの革は水に弱いという弱点を持っている。その昔は、人の命を預かる馬の手綱などは堅牢度を補うためにえらく太く作られ、さらにロウを染み込ませて補強する必要があるほどだった。

一方、現在の競馬などで使う手綱はクロム鞣しの革しか認められていない。クロム鞣しの革は水にも摩擦にも強いからだ。だけど風合いはめっぽうそっけない。

つまり、タンニン鞣しにも、クロム鞣しにも、それぞれによいところと弱いところがある。上質なタンニン鞣しの風合いはどうしたってすばらしい。だけど、長い革の歴史の中で、もともとタンニン鞣ししか存在しなかったところに、わざわざクロム鞣しが開発された意味を考えても、クロム鞣しの堅牢性には大きな価値がある。

日本には、タンニン鞣しとは思えない堅牢性の高さを実現しているタンナーもいるが、おいそれと誰もが真似できる技術でもない。だから、機能面と風合いの両面のバランスをとって、二つのいいとこどりをした「コンビ鞣し」の追求が、現実的な路線じゃないかと思っている。

そもそも、このクロムにも誤解が多い。毒性で問題になるのは6価クロムで、革の鞣しには毒性のない3価クロムしか使われていない。3価クロムに高温の熱が加わると6価クロムになるのだが、日常生活では起こり得ない温度だし、現代の超高温の焼却場で適切に処理されれば、その問題も起きない。

クロムといえば排水も気になるところだろう。しかし、日本では、適切な排水設備なしにそもそも営業が許可されないので、そこも実は問題ない。クロム鞣しだからエコじゃないなどと思われては、何千万円もの費用をかけて排水設備を完備したタンナーが気の毒というものだ。

ちなみに多くのタンナーが集まる兵庫県の姫路市などでは、複数のタンナーの排水が共同で処理される、大規模な排水設備が整っている。同じくイタリアのタンナー集積地帯であるサンタ・クローチェの排水モデルを採用したものだそうだ。

革に限った話ではないが、世論は、それがナチュラルかそうでないかということばかりに終始しているのがえらく残念だと思っている。低品質なナチュラル素材というものも残念ながら世の中には多く存在して、それをエコと言うのはどうにも憚《はばか》られる。

フェイクレザーとか呼ばれる合皮の類もやたらと持て囃されているが、加水分解が防がれない限り、耐久性を上げるにも限度があり、いくらうまく革に見せかけていたとしても、品質は消耗品の枠を超えない。安価に作れるメリットはあるが、鞣しの巧い本革とは比較する土壌にもない。動物を殺さないからとかなんだとか、ずいぶんと浅はかな商売をしているものだなと思う。だいたい、食肉の副産物を捨てることなく活用できる革文化自体がすでにエコだ。地球上から肉食が消滅しない限り、むしろ環境のために革文化を絶やしてはならないように思う。

エコは誰にとっても大事な問題だけど、なかなかこういった本質的な議論になっていかないのはどうしてだろうかと思う。

そんな僕はやはりタンニン鞣しの革が好きだ。あのたおやかな風合いはクロム鞣しには決して出せないものだ。だけどクロム鞣しの堅牢性も必要なので、革包司博庵ではその二つの特性をいいとこどりしつつ、クロムの使用量をぎりぎりまで減らした、「ヘビタン」という鞣しの革を多用している。

何より肝心なのは、大事に使い続けたいと思う気持ちが喚起されるように、財布としての美しさを追求すること。こんなエコなら喜んで追求し続けたいと思っている。

ヒロアンの技術

ベタ貼り

革包司博庵が完成させたベタ貼りは革製品において最高の贅沢と評され、こと財布づくりにおいては、薄さと堅牢度という相反する二つの利点を発揮します。極薄なのに頼りなさはまるでなく、薄くスライスしたゴムの板のような柔軟性は財布の使い心地をすばらしいものに。革包司博庵で作るほとんどの財布は、全面、または部分的に、このベタ貼りの革を使っています。

単純に革と革を貼り合わせればよいのではと思われがちですが、革を均一な0.4 ~ 0.5㎜の薄さに漉く工程自体がまず難易度が高く、さらに、貼り合わせたあとの波打ち、財布の折り目部分にシワができやすいことなど、品質を追求しようとすると多くの難関が立ちはだかります。詳しいレシピは明かせませんが、このベタ貼りが成功した暁には間違いなく独自のものができあがると信じて、長い年月をかけてレシピを研究してきました。

コバの磨き

革包司博庵の革製品は、革の切り口であるコバを、折り曲げずにそのまま表に出す「切り目」と呼ばれる仕上げを多用しています。そのままと言っても、コバに染料を塗りつつ、その名の通り布を使っての磨き上げる、昔ながらの「磨き」と呼ばれる始末を施します。摩擦によって滑らかに整った切り口は、美しいだけでなく経年変化にも強いため、財布にとって最適な技法と言えます。ところが大変な労力を要するため、今や世界的にもあまり見かけないものに。世に出回るほとんどの革製品のコバは、顔料を厚く塗布する「塗り」仕上げです。近頃では「本磨き」という言葉をよく耳にしますが、顔料による処理を「磨き」と間違えて呼ぶようになったので、判別するために「本磨き」と呼ぶようになったのではないかと思われます。革包司博庵の最高級ラインは、すべてのコバをこの「磨き」で始末しています。

ヘリの後切り

革包司博庵の革製品は、グルリ外周は必ず切り目仕上げ、つまり「磨き」を施しますが、財布の内装は「ヘリの後切り」がほとんどです。一般的なのは表革を内側に返して縫う「ヘリ返し」ですが、折り返したヘリを、縫い目の際ギリギリで裁断するのが「ヘリの後切り」。イタリアに伝わる古い技法で、日本にはもともと存在しないものでした。下の革まで切りはしないかと手の震えるような技でもありますが、細く裁断ができた革製品は非常に美しい姿に変身します。また、見た目の美しさだけでなく、品質面からいっても非常に合理的なのが特徴です。どんな巨匠と言われる画家の作品であっても、キャンバスのまま壁に掛けたところで絵にはならないもの。財布も然り。素敵な額縁をつけないことには、美しさが発揮されません。その点で、このヘリの後切りは、「磨き」とともに美しい額縁の役目も果たします。

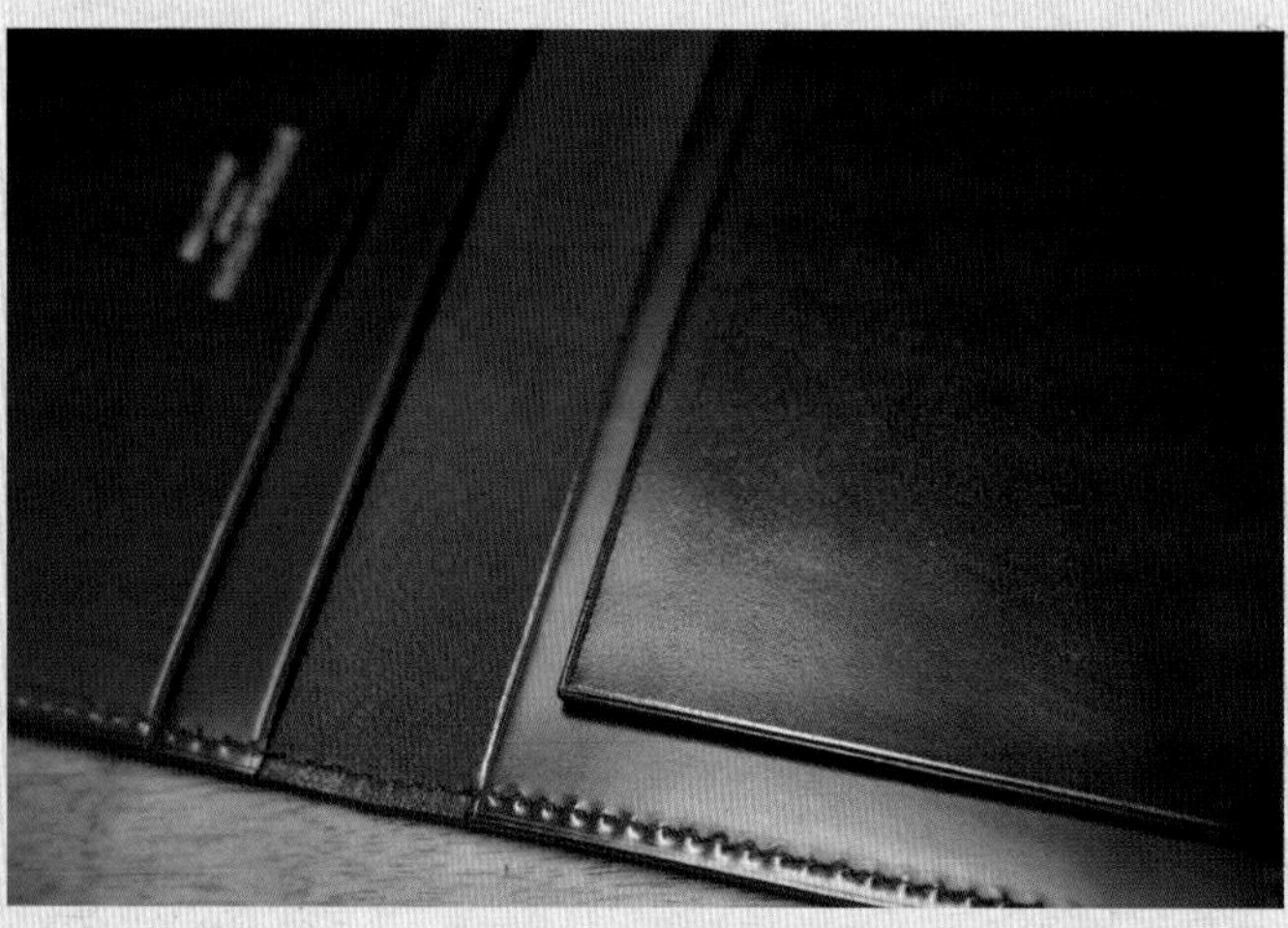

ネン引き

電熱ゴテでつけた、革の際の細幅のミゾをネンと呼びます。紳士用革財布の特徴的な装飾ですが、革包司博庵のネン引きは、ヘリからきっかり1㎜。目をこらさないと見えないかもしれませんが、このラインがあるとないとでは、財布の美しさがまったく変わります。革包司博庵では、全製品にこのネン引きを入れています。通常、ネンを引くコテは袋物屋専門の道具屋で売られていますが、コテ部分には医療用ステンレスを使い、さらに先端を極細のヤスリで削り出し、オリジナルで自作。祖父、父の言葉で今でもよく覚えている言葉があります。「いかに腕のよい職人だと言われようとも、必ず道具は使うであろう。要するによい職人と言われる所以は、いかによい道具を創造できるかによる」と。道具は職人の命と捉え、財布づくりに向きあってきました。ネンのような細部にも一切手を抜きません。

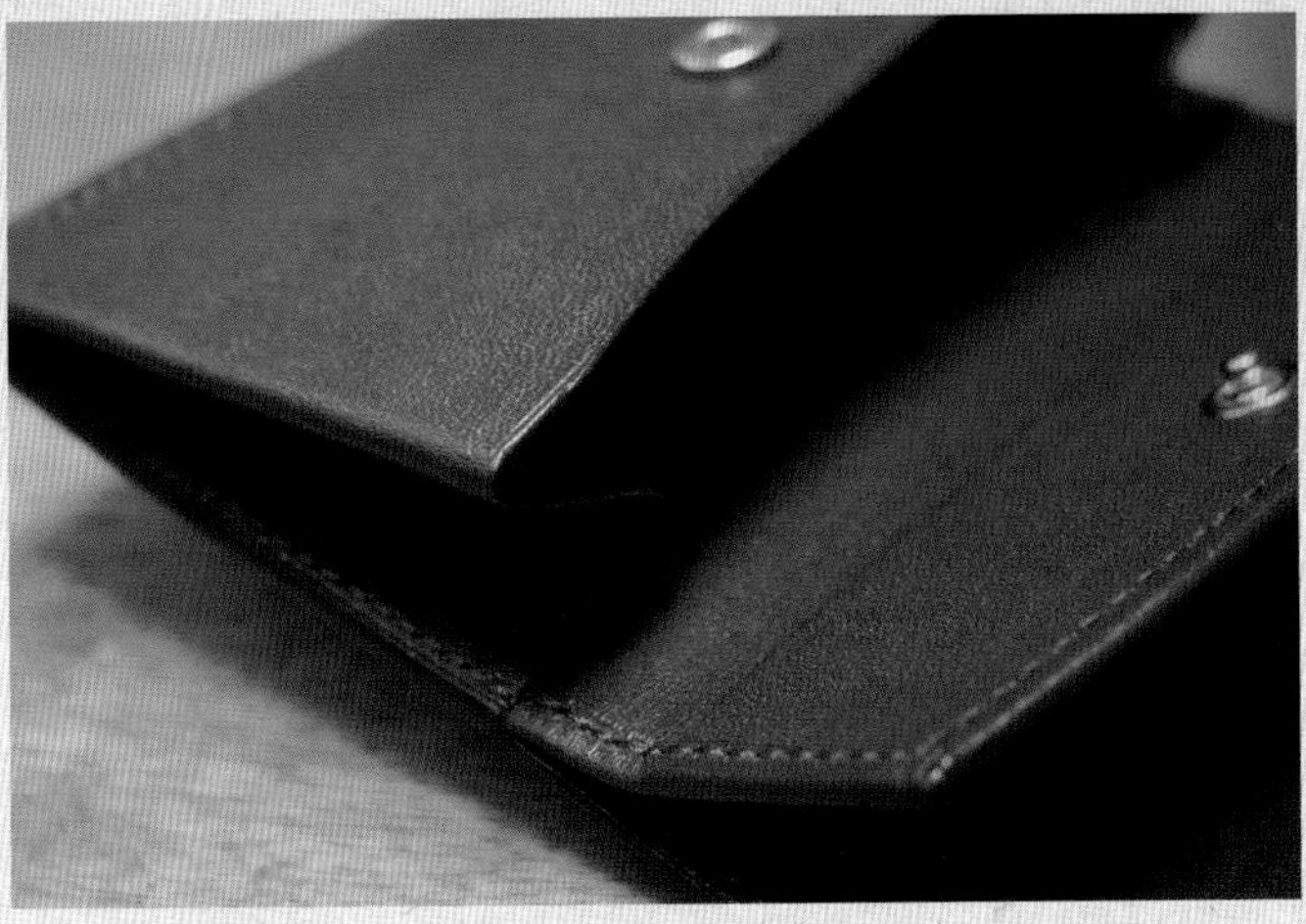

一体裁断

二つ折りの財布に付属する小銭入れは、通常、「前段」と呼ばれる小銭を受ける面のパーツと、その両脇に取り付ける「マチ」と呼ばれるパーツを縫い合わせて作られていますが、革包司博庵では、前段とマチを一枚の型紙上で合体させ、それを１枚の革から切り出す一体裁断によって小銭入れを作っています。一枚革を折り曲げて作っているので両脇にミシン目がなく、そのことで見た目がスッキリするだけでなく、革の優美さが増幅され、高級感が保たれます。しかも、一枚革であることで堅牢度も増すという、まさに一挙両得の技法。小銭を出し入れするたびに、一枚革の心地よい包容力を感じることもできるでしょう。

一体裁断はこのようによいことづくしである一方、型紙の取り方が非常に複雑。さらに、革のロス率も上げてしまうため、大半の財布はこの技法を用いていません。

ヒロアンの製品

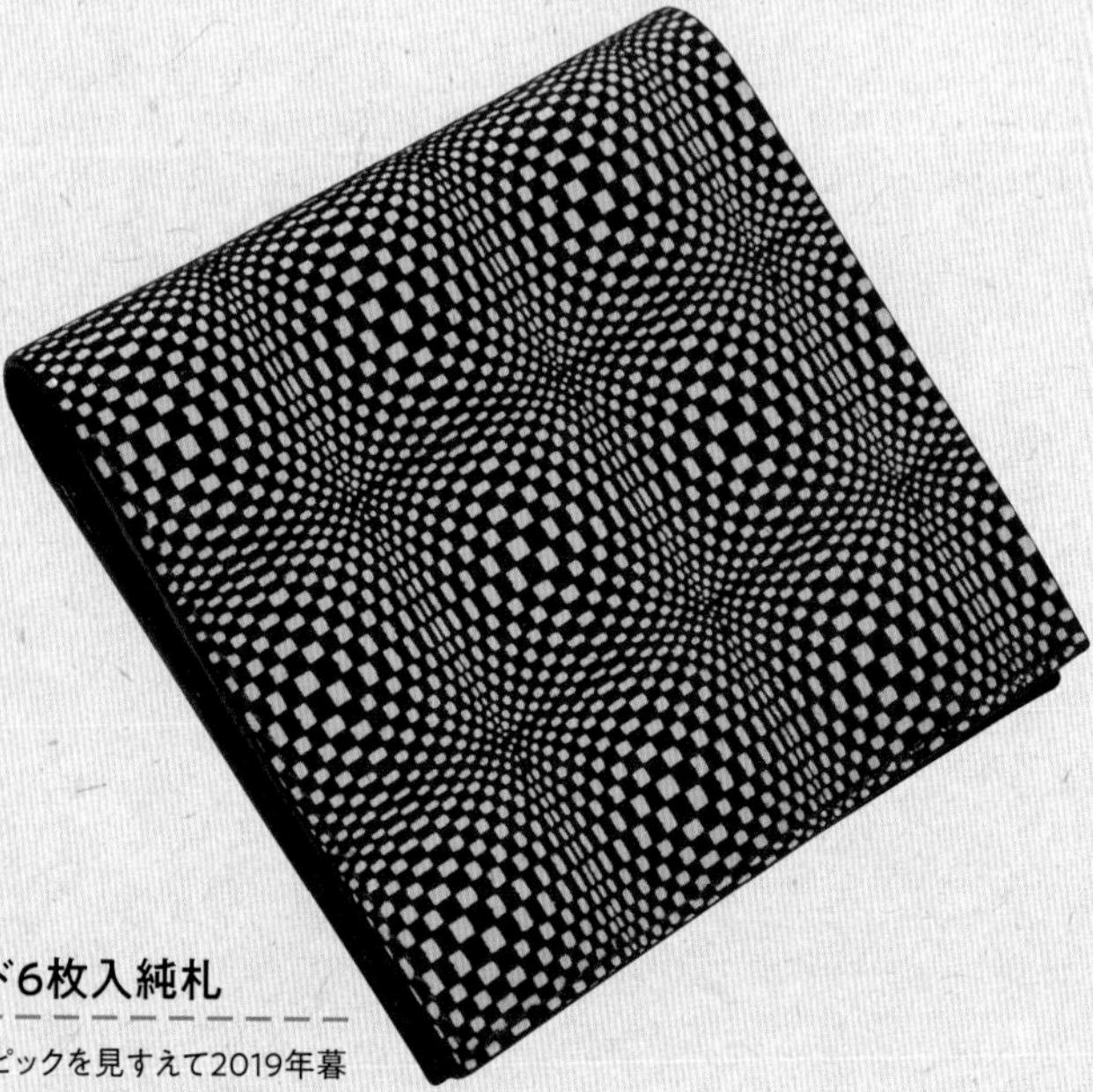

カード6枚入純札

オリンピックを見すえて2019年暮れにサンプルを作成。東京オリンピックのエンブレムに使われた市松模様を取り入れたもの。イタリアの箔を使ったピッグスェードへの熱転写プリント。

小銭入れ付き札入れ

牛ステアに手モミの角モミ加工をした材料を使用した小銭入れ付きの札入れ。この品物にももちろんベタ貼りを施し、小銭入部分はマチ一体裁断としています。

市松模様の束入れ

希少なコードバンに博庵オリジナルの真鍮版13mm角の市松模様を施しました。

小銭入れ

ベタ貼りの革を折紙のように叩いて癖付けした一枚革仕立ての小銭入れ。平安時代以前からある日本の折紙を模したもので非常に使いやすいため、私自身の必須アイテムとしてセカンドバッグの中に入れてあります。

馬蹄型小銭入れ

柘植櫛型の小銭入れ。通称「馬蹄型小銭入れ」として名が通っており、私の祖父がこの型の日本での草分け。この型は世界的に見ても博庵だけのオリジナル型です。

小物入れ

これもまた歴史的に見てかなり古くから日本にある折紙を模したもので、片面0.4mmに漉いたベタ貼りの革で使用。センターに八角形の0.25mmの芯材を封じ込め16トンの圧力にて圧着し金槌で丁寧に叩き癖を付けて作り上げた小物入れです。

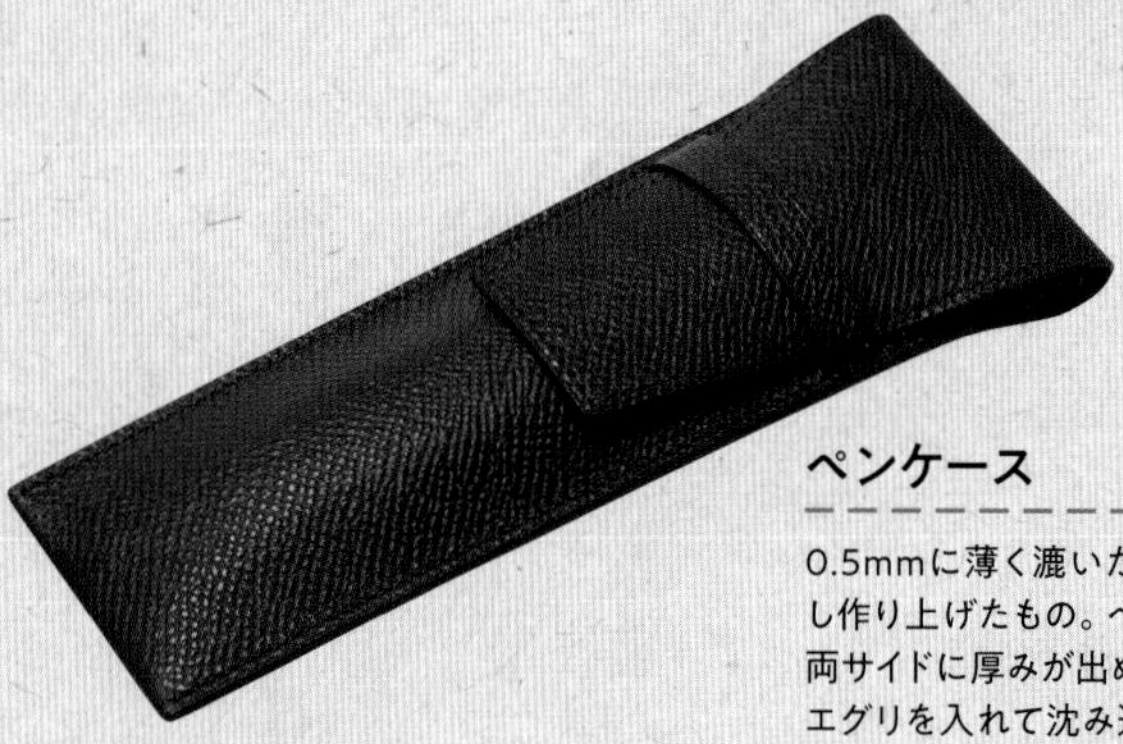

ペンケース

0.5mmに薄く漉いた革をベタ貼し作り上げたもの。ベルト部分は両サイドに厚みが出ぬよう本体にエグリを入れて沈み込ませ、サイドの厚みが一直線に見えるよう工夫。2本挿しですがサイドの変形なくスッキリと入ります。

封筒型名刺入れ

クロコダイルを0.8mm、裏の牛革を0.5mmに漉き16トンの圧力にて圧着し作り上げたもの。マチなしですが使い始めから20枚は収納でき、ひと月も使えば+5~6枚は入ります。マチなしのため、型崩れは非常に起こしづらいです。これもまた私自身の必須アイテムとして折紙小銭入れと共にセカンドバッグに入ってます。

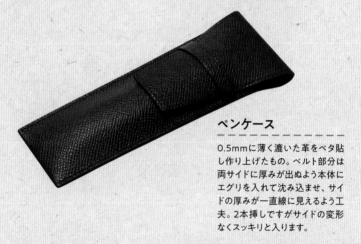

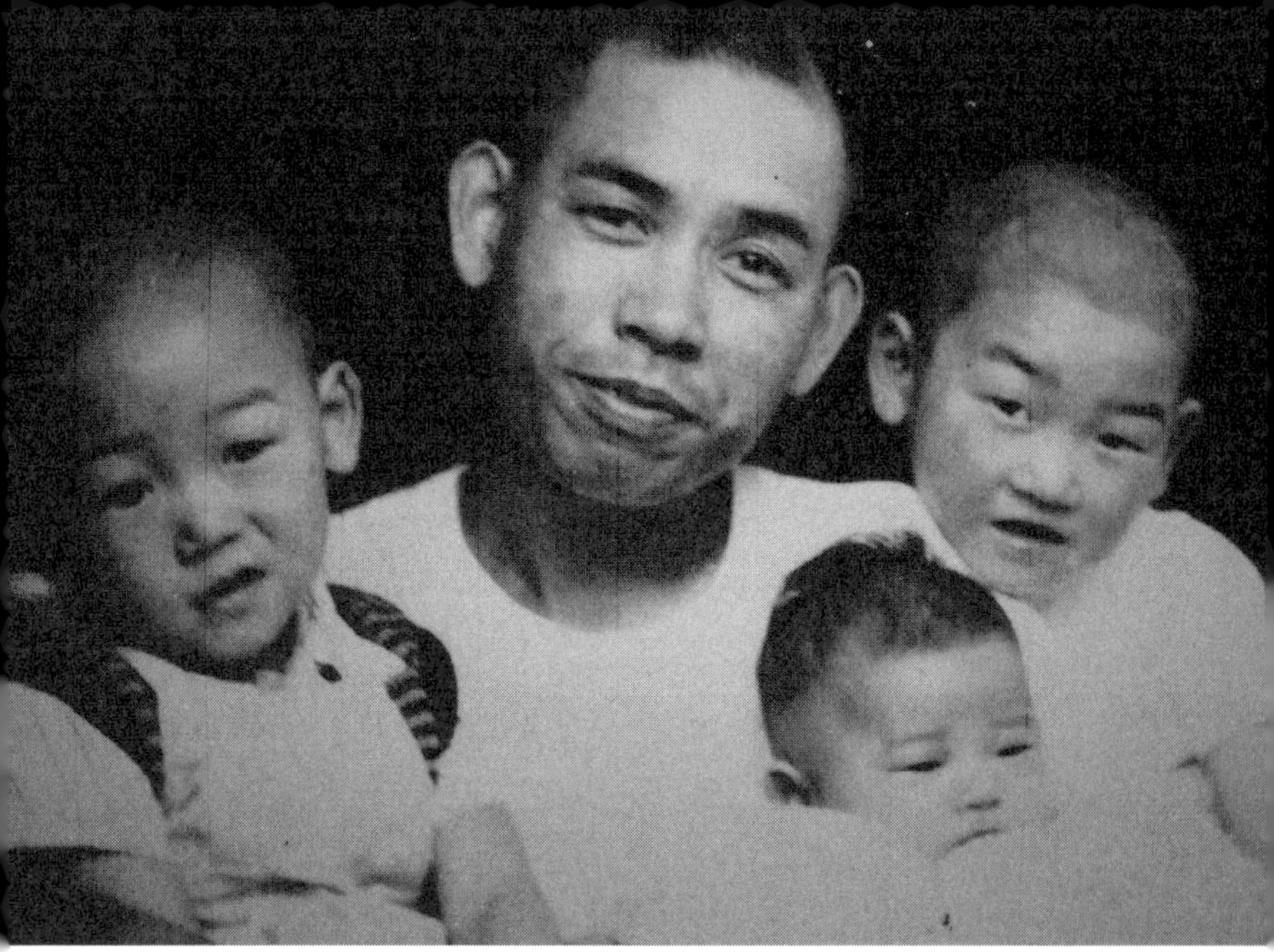

三章

職人の血は遺伝するのか

三代目、長谷川博司。

その頑固なまでの美学《こだわり》は、はたして血筋によるものなのか。

筋とは何か。そして、腕のいい職人は必ず大成するのか。

明治、大正、昭和。激動の日本をその腕一本で生き抜いた

どこにも記されたことのない、名もなき財布職人たちのお話。

長谷川家の英才教育

僕が生まれ育った長谷川家は、一時期ものすごい大所帯だった。20坪の敷地に建てられた木造の2階建てに、一番多い時で14人の人間が暮らしていて、同じ食卓で肩をぶつけながらわいわいと飯を食っていた。

親父、お袋、そして僕たち兄妹が4人。家族だけで6人いて、そこに、まだ給金の少ない見習い職人たちが、7人も8人も住み込みで働いていたのだ。

メーカーにとっても、職人にとっても、住み込みはじつに合理的なシステムだった。親方と24時間一緒に過ごすことになるので、技術だけでなく、価値観や生き様までも吸収できてしまう。とりまく環境のすべてが学びの場になってしまうのだ。

そして、僕は僕で、快適とは言い難いこの環境にさしてストレスを感じることもなく、幼いながらに人生でもっとも大切なことのいくつかを学んでいた。

理由はさっぱり覚えていないが、ある日の昼飯時、親父にえらい剣幕で叱られた。そして、うっかりくだらない減らず口でも叩いたのだろう。次の刹那、僕は投げ飛ばされていた。3メートルほども吹っ飛び、突き当たりにある便所の戸に突っ込んでぶち破った挙句、昼飯を食っている職人たちの前で小便をチビった。

日頃から親父に、「なんかあったら頭ひっぱたけ」と言いつけられていた職人たちなので、さすがにちょっとは驚いていたものの、平然と昼飯に戻っていった。

親父は本当に怖い人だった。そして、本当にやさしい人だった。

もし親方である親父が職人たちの前で息子を甘やかしたら、職人みんなが坊っちゃんとして甘やかすことになる。そんなの僕のためになるはずがない。実際にそうやって腑抜けになっていったメーカーの倅《せがれ》なんていくらでもいたんじゃないだろうか。

住み込みの共同生活だろうと、大企業だろうと、およそ人間社会で起こる揉め事の多くは、不公平感が発端にあり、不公平感は憎しみの火種になる。なにかの拍子でそこに火が点いて「内紛」にでも発展したら、いい仕事どころの話ではなくなり、あとには悲劇しか残らない。

家長として、棟梁として、親父はそのあたりをよくわきまえていた。予想でしかないけれど、僕が実の息子である限り、たとえほかの皆と平等に接していても、依枯贔屓《えこひいき》にとられる可能性があった。だから親父はその「坊っちゃん」フィルターによる誤差も計算に入れて、少し、いやだいぶ多めに僕に厳しく接していた気もしている。もちろん僕が聞かん坊だったせいも大いにあるだろうが。

ともかく、そんな名采配が幸いしてか大きな諍いが起きることもなく、僕が中学生になるくらいまでその共同生活は続いた。

そして現在。僕が棟梁をつとめる革包司博庵では、職人たちに混ざって娘が働いてくれている。親子で一緒に働けることをうれしく思う反面、依枯贔屓などに見えないように用心もしていた。ところが、それこそ親の贔屓目なしでとてもいい仕事ぶりだったので、ある日、人気のないところでこっそり褒めてみたのだが、娘はすげなくこう言った。

「道具を毎日きちんと整備しているだけだから」

職人だけでなく、道具までも立てるような謙虚な物言いにたいそう感心した。

財布職人になる前の話

僕が通っていた台東区立小島小学校、そして台東中学校は、台東区という土地柄もあって、職人やメーカーのうちの子供がたくさん通っていた。

ある時、木工で椅子を作る授業があった。同級生たちは木材が手元に配られるやいなや興奮気味で釘を打ち始めたが、僕はそうしなかった。まず最初に4本の脚の長さを寸分違わず揃えなくてはと思ったからだ。それから、すべての木材ひとつひとつに丁寧にやすりをかけ、すっかりすべすべになった木材をこれまた慎重に組み立ててから、ささくれの一つも残らないように、またやすりをかけた。

誰にそうしろと言われたわけでもなかったが、なぜかそうしたほうがよいと思ったのだ。その椅子は台東区で優秀技術賞をいただき、上野の美術館に展示されるという栄誉を賜った。小さい頃からこちょこちょとものを作るのは好きだったが、自己流もいいところだった。それが初めて客観的に評価されて、生まれて初めて、その部分が人よりも優れていることを知った。

門前の小僧なんとやらか、家の仕事場をちょろちょろするうちに、ものを美しく作るための道理が染み付いていたのかもしれない。なにしろ僕の家は、下拵えやら段取りやら、美しい財布が完成するまでの因果関係を、つぶさに観察できる環境だった。ただ、上の兄貴は見事なまでのビジネスマンタイプだった。影響を受けた場所が違うのかもしれない。


僕が見事な椅子を作り上げた一方、同級生たちの作ったそれは、ガタガタだしささくれが刺さるしの、それは無惨な出来。でも本人たちはさして気にも留めていない。そこには職人の子供もいたわけなのに。当時は不思議でならなかった。

ある時、ふとその理由が思い当たった。

よくよく思い出してみれば、下町のメーカーだからといって、家と仕事場が同じ場所にあるとは限らなかった。もしかしたら、彼らは自分の親がものを作る姿を見たことがなかったのかもしれない。見る機会がなければ、感化されることも、ましてや憧れることもないのだろうな。

とはいっても、やはりものづくりの町。同級生や後輩には、ものづくりを生業《なりわい》にしているやつらは一定数いて、きっと他所の土地よりその割合はだいぶ多いことだろう。

地元の鳥越祭《とりごえまつり》で年に一回は顔を合わせるので、懐かしいなどと思う暇もなく、彼らとは大人になっても自然と縁が続く。

革包司博庵に出入りしている金具屋のシモ君も、革問屋の内山君も中学の後輩だ。ただ、内山君の家は古本屋だったような気がする。ということは、やはりこの町のどこかで何かしら影響を受けたのだろうか。まあ台東区に長く住んでいれば、きっとそういうこともあるだろう。

ところで、僕が卒業した台東区立小島小学校も、台東中学校も、どちらも今はない。だけど小島小学校のほうは2003年に閉校したのち、翌年に「台東デザイナーズビレッジ」として生まれ変わった。日本で唯一の、ものづくりの創業支援施設。いかにも台東区らしい取り組みだ。昭和3年築の建物がそのまま使われ、元教室はかけだしクリエイターたちのアトリエとして、台東区が手頃な家賃で提供している。なにかと用事があって今でもたまに訪れるので、やはり、懐かしいと思う暇もありやしない。

僕の祖父、長谷川平太郎

祖父の作った財布の品質の高さときたら、すっかり目の肥えた今の自分が見ても凄まじいものがある。祖父、長谷川平太郎は今でいうフリーランスの財布職人だった。住まいの一室を仕事場にして、休みもなく黙々と財布を作っていた。

その斜向かいに親父が家を建てたので、小さかった僕は、「なんか暇だからおばあちゃんところにでも行こうかな」などと理由をつけてはなにかと遊びに行った。週のうち半分は、祖父母の家で過ごしていたような気がする。

遊びに行くといっても、おもちゃがあるわけもない。目当ては大好きなおばあちゃん。革のくず。そして祖父の仕事場だった。

革のくずでひとしきり遊んでは、たびたび、財布を縫う祖父の手元に見入った。祖父が作る財布の中で、馬蹄型が特にお気に入りだった。革のパーツが徐々に美しい立体に仕立てられていく様子は、何年見続けても飽きることがなかった。

祖父は祖父で、孫に構うわけでもなく、かといって邪険にするでもなく、黙々と財布を作り続けた。年季の入った座椅子の上であぐらをかきながら財布を作る姿を、今でもはっきりと思い出すことができる。

座椅子の後ろの壁にはたくさんの釘が打ち付けられていて、そこにはコテ、包丁、キリ、菊寄せのための刻みネンなど、財布づくりのための道具が一通り吊るされていた。一通りどころか、その中には、今考えれば祖父が自作したのであろう道具も結構あって、ものすごい数だった。

そして祖父は、まったく後ろを振り向かずに、腕だけをひょいっと後ろに伸ばして目当ての道具をすばやく取り出すという妙技を持っていた。同じくそばにいくつも引き出しを置いていて、やはり目もくれずに目当てのものを流暢《りゅうちょう》に取り出すのだった。今だから分かるが、その空間は超がつくほど合理的な仕事場だった。工程が変わるたびに道具や部品を取りに席を立っているようでは、財布づくりは捗《はかど》らないからだ。

こうしたことがあまりに日常の光景だったので、影響を受けているとさえ気が付かなかったが、あらためて思い出を整理してみたら様々なことがすとんと腑に落ちた。

僕が48歳で最初に構えた仕事場はたった8坪だったが、その小ささになんの不便も疑問も感じなかったのは、この原風景があったからかもしれない。美しい財布を作るのに仕事場の大きさは関係ないことを知っていたのだ。

もっと言えば、腕さえ確かならなんとかなると知っていたから、平成不況真っ只中での独立にも不安を感じなかったのかもしれない。なぜなら祖父はまさにその腕一本で、正確にはおばあちゃんと二人三脚で、明治、大正、昭和と、激動の日本を駆け抜けてきた。大震災、大空襲、そして日本だけで約38万人の命を奪ったスペイン風邪の大流行など、深刻な国難をいくつも乗り越えながら。

6畳一間のさほど広くない和室から、至高とも言える美しい財布が次々と作り出されていく。その光景には、ものづくりの原点があった。

そのうちにおばあちゃんが亡くなって、祖父は我が家に夕飯を食いに来るようになった。

そこで初めて知ったのだけど、酒が大好きなのに、めっぽう酒に弱かった。ちびちび晩酌をしては、そのまま気持ちよさそうに寝こけてしまうのだった。

やがて祖父も亡くなるわけだけど、革のくずで遊んでいた小さな孫が同じ仕事に就いていて、しかも結構いい腕をしていると知ったら、なんて思っただろうか。

僕の親父、長谷川真三

僕の親父、長谷川真三《しんぞう》もまた、非常に腕のいい財布職人だった。といっても親父は婿養子で、祖父の平太郎と親戚の関係にはあったが血はつながっていなかった。もしかしたら、職人の腕は遺伝性ではないのかもしれない。

職人を何人も抱えて商売を少し大きくしたが、棟梁である親父自身がまずえらいこと働き者で、日曜日の夕方まで黙々と仕事をしていた。だけど、殺伐とするわけでも疲れを見せるわけでもなく、呼吸をするように淡々と。心底、財布づくりが好きだったようだ。

そんな親父が仕事と同じくらい好きだったのが人付き合いだった。

親父が仕事を終える時刻のちょっと前になると、毎日のように仕事仲間がやってきて、「これやらねーか」と小鼻を人差し指でちょんちょんつつく。その合図で、華やかなる社交タイムが始まった。「これ」とは花札のこと。

ひとしきり花札で遊び、夜が更けてくると今度は一張羅でめかし込んで、浅草のキャバレーへ出かけるのが恒例だった。花電車、国際、日林《にちりん》、現代、スカラ座。国際通りにきらびやかに建ち並ぶ浅草のキャバレーは親父のホームグラウンドだった。

僕が初めてご相伴に預かったのは高校2年か3年の時。ある日、

「スーツを新調してやっから、一緒に行こう」

と親父からお誘いを受けた。

親父の見立てで仕立てたのは、上下揃いの濃いグリーンだった。今の感覚からするとだいぶ派手な気もするが、かなり洒落ていた。だいたい親父はお洒落な男だった。外出する時はハットを欠かさず、男のたしなみはかくありといった風に、僕にも「帽子くらいかぶれ」とよく言っていたものだ。それと同じ調子で、「ばばあのけつでも撫でてこい」とけし

かけるのだからたまったものじゃない。

キャバレーとはどんなところかを一応説明しておくと、ばばあ改めホステスがテーブルについてお酌をしてくれる、ステージやダンスホールのついた社交場、というところか。僕が親父のお供で顔を出していた時代はキャバレーの最盛期。浅草のキャバレーは、親父たちのほか、当時特に羽振りのよかった靴屋の旦那衆でいつも賑わっていた。

高校を卒業して仕事を始めると自然にお供もしなくなったが、今度は、「ばばあを家まで送るから車で来い」と、夜中の11時45分頃に電話で呼び出されるようになっていた。11時45分というのは、都の条例で決められた営業終了の時刻なのだが、パジャマを着たまま何度もその時間に車を出した。

そういえば親父は酒は飲めるけどむしろ大嫌いという質《たち》で、一滴たりとも飲んでいる姿を見かけたことがなかった。悪い遊びにも目をくれず、それはそれは身綺麗なものだった。なにしろホステスの送迎を息子に手伝わせるくらいだ。

高校卒業後は、親父が棟梁をつとめる長谷川製作所で晴れて一緒に働くことになったのだが、息子を職人にしたくないという本音を知っていたので、財布づくりの技術については詳しく教えを請うことはしなかった。

だけど見て盗めるものは大いにあったし、生き様から価値観までなんでも貪欲に吸収しようと努めた。そして実のところ、親父は僕に、もしかしたら技術などよりもよっぽど重要かもしれないことを教えてくれていた。

「よいものをたくさん見て審美眼を鍛えておけ」

「金を儲けても絶対に独り占めするなよ」

このあたりのことは半ば口癖のようでもあった。

もしかしたらこれも親父の教育の一環だったのだろうか。高校生の身で早々にキャバレーデビューを果たしたおかげか、大人になっても俗な世界に過剰な憧れや執着を持つことは一切なかった。まるでワクチンだ。

その代わりというのか、20代の若さで骨董屋に通い込むようになり、そこのオヤジさんとの骨董談義に情熱を注ぐという、かなり風雅な青春を送っていた。

親父が亡くなったのは、僕が長谷川製作所から独立する少し前のことだった。もっといろいろ教わっておけばよかったと思う反面、僕にとってはかえってよかったのかもしれないとも思う。

もし、親父が持てる技術のすべてを手取り足取り「継承」してくれていたら、きっとそれですっかり満足してしまって、そうしたら、今の自分もなかったような気もするのだ。だけど、働き方みたいなものは何から何までそっくりだった。マニアックなまでの品質への潔癖性など、どう考えても親父譲りだ。そして親父は穏やかな趣味の世界も持っていたのだが、そんなところまでも似ていた。

親父の趣味はさつきの盆栽、そして生き物を飼うことだった。十姉妹《じゅうしまつ》や文鳥など、それはそれは愛くるしい小鳥を家の中で何十羽も飼っていて、さらに小さな庭にしつらえた小さな池でたくさんのらんちゅうを育てていた。仕事を引退したあとの晩年は、野生動物をみるためにアフリカ旅行なども楽しんでいた。

一方、僕は生き物にはまるで興味がなく、情熱を注いだのは骨董と音楽だった。どうやら趣味の中身までは遺伝しないらしい。

腕のいい職人は必ず大成するのか

そういえば、当時は職人の専門学校などもなく、最初は誰もがずぶの素人だった。筋のある人もない人も様々いたことだろうが、親父はずいぶんと根気よく彼らを鍛えた。そうして十分に腕を上げた弟子には「そろそろ独立してみるか？」と声をかけ、退職金代わりだと言って、ミシンから運転免許まで、独立してやっていくのに必要なものを手当した。さらに、直属の職人として長谷川製作所から仕事も出した。

その中でも、輝《てる》さんという職人は、間違いなく職人として大成した一人だった。

輝さんは、中学を卒業したあとに地元新潟の鞄メーカーに勤め、それから上京してきて親父に弟子入りした。僕がまだ幼稚園に通っていた頃で、たいそうかわいがってもらった。

生真面目な輝さんは着々と腕を上げ、独立したあとも本当にいい仕事を続けていた。やがて所帯を持ち、二人のお子さんを育て上げ、家を買ったローンも早々に完済したと聞いた。最終的に80歳を過ぎるまで仕事を続け、一昨年とうとう引退した。

しかし、悲しいかな輝さんのような職人ばかりではなかった。

とある職人は、独立して早々に他所のメーカーの仕事を受け、そこで親父仕込みの腕をほめそやされて天狗になったのだろう。どんどん金遣いが怪しくなっていったらしい。やがてあちこちで金を借り倒すようになったものだから界隈ですっかり評判を落とした。

抜群の腕を持っていたのに仕事にあぶれ、最終的にうんとチープな品質のメーカーに拾われ、そのたった数年で腕を落とした。

なんでそんなことを知っているかというと、僕が独立したことをどこで知ったのか、革包司博庵に仕事を求めてやってきたのだ。よくない噂は耳にしていたので、試しにその場で仕事を見せてもらったら、かつての腕は見る影もなくなっていた。

その凋落ぶりにしばらくショックを受けていたが、よく考えたら一流の歌手だって、場末のキャバレーなどで酔客にもてはやされるうち、どんどん歌が下手になる。腕さえあればなんとかなるのは真実だけど、大成するには克己心や誠実さといった心の素養も必要になるのだと思い知らされた。大成が何を指すのかといえば、それこそ職人の数だけあるのだろうが。

率《そっ》先《せん》垂《すい》範《はん》

革包司博庵を創業した僕は、最初のうちこそ一人で財布を作っていたが、やがて職人を雇うようになり、親父と同じく人を育成することが重要な仕事のひとつになっていた。

自分で言うのはなかなか恐れ多いものがあるが、僕は知らず知らずのうちに、山本五十六式リーダーシップを実践していた。「やってみせ、言って聞かせて、させてみせ」というあれだが、世界が認めるだけあって最高に合理的なのだった。

「やってみせ」

もともとすべてを一人で作っていた僕にとってはお手の物だったが、油断は禁物だ。喜ばしいことではあるのだが、僕の代わりを勤めてくれるしっかり者の番頭さんもいるし、皆も腕をめきめき上げていて、僕自身が財布を作る機会がうんと減ってきているのだ。

それに、人がいじるとなぜか調子が狂うから、職人の世界でミシンは一人一台が原則。つまりミシンさえなかなか触れない。

だけど、棟梁が勘を鈍らせるわけにはいかないので、人手が足りないと聞けば何かとヘルプに入る。五十六式は、リーダー自身の鍛錬が欠かせないのだ。

「言って聞かせて」

これもかなり得意なほうだ。なぜそうしなければならないか、知識として頭の中に残るよう伝え方に工夫している。もっとも、事細かに教えるというよりかは、「こうなるとこうなるよ、あとは自分で考えてやってみて」と余白を少し残す。これができる職人がどうやら少ないらしいのだが、確かに口下手な職人は多い。じゃあ僕がいつ得意になったのか考えてみたのだが、長谷川製作所時代の「職人廻り」でだいぶ鍛えられた気がする。

腕のいい職人ばかりだったので、ただ材料を渡すだけでも形になったとは思うが、「ここはこうして」などと注文をつけることを欠かさなかった。僕の思いがうまく伝わった時はあからさまに品質が上がるのだ。

だからといってかける言葉が多すぎても伝わらず、常にうまくいくとは限らなかった。どうしたらもっとうまく伝わるか、鍛錬を重ねていた。

ちなみに、「言って聞かせて」の鍛錬の成果は、他所の人との打ち合わせにも発揮される。財布の仕様を決める際にもし意見が相違しても、「理屈からいって、ここをこうするとこうなるんですよ、そうすると自動的にお分かりになるでしょ」と順序立てて説明できる。そして、たいていは「なるほど！」となって、よい財布づくりにつながる。

「させてみせ」

そうしてもし自己流のおかしな作り方をしていたら、「なんでそうやったの？」と、まずは理由を聞いてみる。そんなことはそうそうないものだが、もしかしたら思いも寄らない新製法のヒントが隠れているかもしれないからだ。

「見て盗め」だとか「俺のやる通りにやれ」が、いかに労力を使わないリーダーシップなのかと思い知らされる。五十六式ははっきり言ってものすごく労力を使う。だけど、なにしろものすごいスピードで職人の腕が上がる。腕が上がるどころじゃない。知恵や応用力まで身について、要するに一人前になるのが早い。

合理的などというと非人間的に聞こえるかもしれないが、根拠のない根性論などに頼ることもなく人のポテンシャルを引き出すその仕組みは、むしろ人間的だ。

思い出してみれば、親父の時代のメーカーは職人養成学校のような面もあり、それこそ筋がいいのも悪いのも様々いただろうが、親父が職人を怒鳴りつける姿は見たことがなかった。いい加減な仕事をした職人に対しても、それはそれは穏やかに、そして根気強く諭していた。知らない間に山本元帥の影響を受けていたのかと思っていたが、こうして記憶を辿ってみると、お手本はどうやら親父のようだった。

筋のよしあし

筋がいいとか悪いとか、言葉にするとじつに曖昧だが、確かに「筋」というものは存在して、必ずよしあしがある。

たとえば、財布づくりの世界でいえば、革の裁断からミシンの縫い目にいたるまで、「まっすぐ」は基本中の基本だ。それを、言われる前から当たり前のものとして「まっすぐ」にできる、あるいは言われてすぐに「まっすぐ」にできるのが、筋がいいということ。

何度言われても守れないのは、筋がよくないということ。

言われても守れない上、「これでまっすぐだと思った」などと言い訳までするのは、筋のよしあし以前に性根がよくない。

そんな時は、「あなた、きっと向いてないと思う」と正直に告げる。この瞬間はいつも胸が痛むが、何年も経ってから「自分は筋が悪いかもしれない」などと自覚するよりかは、よっぽど本人のためになると信じたい。

こんな思いはできればしたくないが、外見や性別からは判断がつかないのだからある程度は仕方がない。

職人といえば男性のイメージが強いかもしれないが、実は男女の性差はない。それどころか、革包司博庵では、番頭さんを筆頭に女性の比率が結構高いくらいだ。きちっとした髪型、服装をしているからといって、筋がいいとも限らない。その逆も然りだ。清潔感くらいはあってほしいが。

つまり、ものづくりの世界では第一印象はあまりあてにならない。第一印象で8割決まるという立派な学説もあるようだけれど、きっと営業マンや色恋での話なのだろう。ものづくりの人間からしたら、いったい何が決まるというのか見当もつかない。

僕がもっとも信頼する仕事仲間の一人、革問屋の内山君など、初対面ではまず警戒してしまいそうな強面《こわもて》だけど、つきあってみたらじつに目端の行き届いた誠実な仕事をする男だ。それに、だいたい僕自身が職人らしいなりをしていない。

ものづくりの仕事では、どんなに筋があるように、できるように見せかけても、まったくの無駄だ。なにせ、ものという証拠が残ってしまうのだから。だからいいものづくりをする人間に嘘つきはいないと思っている。この、どんな嘘も見せかけもまったく意味をなさないシビアな世界が大好きだ。

筋といえば、パワハラまがいの上下関係は、飲食の世界でよくあったようだが、その真相は、筋のよくない先輩が何年もかけてやっと習得した技術を、筋のいい後輩が数か月でものにしてしまった日には、立場も面目もないってところなんじゃないかな。そんな職場は棟梁がよくないな。

人間にあって、ロボットにないもの

オフィシャルな免許があるわけでもない職人の世界において、「一人前」とはいったいどういうことなのか時々考える。単純に技術を高めればなれるような単純なものでもない。だとしたら、それこそ手先が器用な子供にだってつとまってしまうし、正確で早いだけでよいのなら、そんなのはロボットの仕事だ。

僕が考える一人前はこうだ。

頭の中に蓄えた知識を、必要に応じて取り出して、組み合わせられるようになる。これが「知恵」というやつだが、その知恵を自分で沸かせることができて、その時々にふさわしい解を、自分の力で導き出せるようになること。こうなって初めて一人前と呼べる。そして、そういう部分にものを作る楽しさや喜びがあったりする。

だから僕は職人たちに、技術だけでなく、知識をきちんと伝えるように心がけている。ただし、何も聞いてこないうちは僕からはわざわざ教えない。どうせ覚えないからな。

昨今はＡＩとやらの進出が凄まじい。製造業の分野にもロボットが進出していて、職を奪われるとか奪われないとか話題に事欠かない。ただ、ＡＩには絶対に超えることのできない壁がある。

「なぜだろう」という疑問は、まず人間にしか湧き上がらない。「どうしたらもっとよくなるか」という向上心も人間の特権だろう。

そして、審美眼を磨くこと。これなんか人間様の専売特許だ。審美眼は生まれつきのものだと思われがちだけど、いいものを、どれだけ、どのように見てきたかの積み重ねに過ぎない。買えるか買えないかはたぶんあまり関係ない。所有するだけで審美眼が磨かれるなら、悪趣味な金持ちがいることの説明がつかないからだ。だいたい、手に入るものばかりとは限らない。

革包司博庵からもほど近い、上野の東京国立博物館の常設展では、刀剣から焼き物まで、国宝級の美術品や工芸品がいつでも見られる。その技を細部まで観察するのもいいし、あるいは、この時代の職人はいったいどういう想いでものを作ったのか、なんて想像を巡らせるのもロマンがあっていいだろうな。どうせなら、世界一美しいとされるもので審美眼を鍛えたい。

用いるに際して美しいもの

「よいものをたくさん見て審美眼を鍛えておけ」というのは、親父の長年の口癖だった。そう言われても、美の世界は、深く、広く、おそらく一生涯かけて追求するものだろうなとは思っている。

僕は酒を飲まないので、自然にお茶を淹れることが日課になっていた。せっかくならおいしいお茶が飲みたいので、お点前《てまえ》も次第に本格的になっていき、今では100グラム1000円程度の茶葉でも、玉露と間違えられるほどおいしく淹れられるようになった。そこに大好きな骨董の趣味があわさって、いつのまにか急須を蒐集《しゅうしゅう》するようになっていた。これまでに蒐集してきた急須の数は、中国の茶壷《チャフウ》も含め300個は下らない。

この趣味はすでに30年ほど続いている。

そして、30年の間に美しいと思う気持ちがずっと変わらないものに、三重県四日市「伊《い》呂《ろ》久《く》窯《がま》」の萬古《ばんこ》急須がある。「伊呂久窯」は明治時代から続く老舗の窯元で、今は4代目の伊呂久さんが受け継いでいる。

特徴は、急須の全面に施された鉋《かんな》による手彫りのダイヤカットだ。萬古焼きのきめ細かい土肌と相まって、絵付けの急須にはない潔い美しさを生み出している。その彫刻だけで丸一日ほど費やすそうだ。

形といえば柄《え》がちょこんと飛び出たベーシックな横手型で、注いだ茶がすっと切れる湯切れのよさは比類ない。手に、目に、その厳かな美しさが伝わる。

かつて柳宗悦《やなぎむねよし》が日用品に宿る凛とした美しさを見出し、「用の美」と名付けたが、この急須など、きっとその極みにあるだろう。

「よくぞ人の手でここまで」と急須を撫で回しながら、僕の目指す財布づくりに通じるところがあるなどと、急須と財布の「見立て」を楽しんだり、同じ職人として奮い立ったり。審美眼を磨く意味は、こういうところにもある気がする。

ちなみに急須は日用品なので、展覧会のようなものが極端に少ないのだが、だから蒐集したくなるというのもあるかもしれない。なお、飾って眺めることを目的とした絵画や彫刻の類にはてんで明るくない。僕の審美眼は、「用の美」専門だ。

蔵前

そういえば、ホームグラウンドである蔵前が、「東京のブルックリン」などともてはやされ始めて久しい。ブルックリンもmakersの町だというし。手頃な家賃や気取らない雰囲気を求めてアーティストたちが移り住んでくる。その点は確かに似ているな。

かつて、蔵前の週末はだいぶ閑散としていた。もともとおもちゃ、スポーツ用品、花火などの問屋の町だったのが、2000年に都営大江戸線の「蔵前駅」ができて以来、交通の便もよくなり、たしかその頃からギャラリーやらカフェやら洒落た店が増えていき、週末の人出もずいぶんと増えた。

そんな蔵前のおすすめスポットなどを挙げればきっと華やかだろうが、それは他所に任せて僕なりの蔵前案内をしてみようと思う。


蔵前という名前は、江戸時代、幕府の御米蔵があったことに由来する。当時、米は武士の給料でもあったため、支給を待つ武士やら運搬する人足やらでむしろずいぶんと賑わっていたらしい。そのあたりの名残といえば、蔵前橋のたもとに碑があるくらいだが。

このうち、米の換金業務を代行する「札差」と呼ばれる業者が大層羽振りがよかったようだ。芝居の下桟敷を半分を買い占めたり、役者のパトロンになったりと、それは粋な金の使い方をしていて、「蔵前風」などともてはやされたようだ。けれど、そんな景気のいい気風が残っているかどうかも分からない。まあケチケチしたやつはあまりいないかもしれないね。

この町の真骨頂といえば、やっぱり鳥越祭《とりごえまつり》だろう。例年6月に開催される鳥越神社の例大祭で、コロナ騒ぎなどなかった少し前なら、縁日屋台は約250店、来場者の数は30万人規模だった。

なにしろ神輿がすばらしい。「千貫神輿《せんがんみこし》」というのだが、千貫というだけあってともかく重い。担ぎ棒が短く担ぎ手が少ないため、1人当たりにかかる重みは凄まじく、扱いの難しさは東京随一ともいわれている。おまけにタッパが低くて肚が太く、そのバランスはほれぼれするほど美しい。

ところが、革包司博庵のある場所は、道をたった一本隔てて鳥越神社の二十二か町から外れていて、気づいた時には時すでに遅しだった。もしそれを最初から知っていたら、この物件に引っ越していたかどうかも定かではない。なにしろ祖父、父、そして兄と三代で睦会の役員を務めてきたほどで、思い入れは誰にも負けない。ああ、悔しい。

日本最古の歴史を持つ花火大会、8月の隅田川花火も盛り上がるな。昔は町中の人間が自分の家の屋根に上がって、そこから花火を見るのが恒例だった。なぜか毎年のように屋根から落ちて大怪我するやつがいたな。長谷川家も瓦屋根の上に座布団を敷いて、そこでお袋の切ってくれたスイカを食べながら夢中で見上げたものだ。今では、すっかりビルが増えて、ろくに見えなくなってしまったが。

なんだかやけに盛り上がらない町案内になってしまったな。まあ、あまり人気が出すぎても固定資産税が上がってしまうだけなので、住人都合で言えば、人気もほどほどであってほしいのが本音だ。

一つ言えるのは、こんなにものづくりに適している土地はなかなかないということだ。徳川の何代目だかは知らないけど、江戸に職人芸を花咲かせようと、日本全国から腕のいい職人を呼び集めた。朝廷が京都にあったというのに、徳川の力はまったく凄まじい。そんな環境で切磋琢磨して、財布の世界で一流を極めたのが祖父であり、親父だった。三代目の僕は、運良くその資質のようなものを受け継いだ。

少し上れば銀座があって、上野に足をのばせば日本最古の国立美術館もある。散歩などをしても、きっとさぞかし楽しいことだろう。もっとも僕は滅多に蔵前の町を出歩かない。それどころか、仕事場と家が同じ建物にあるので、一歩も外に出ない日さえある。

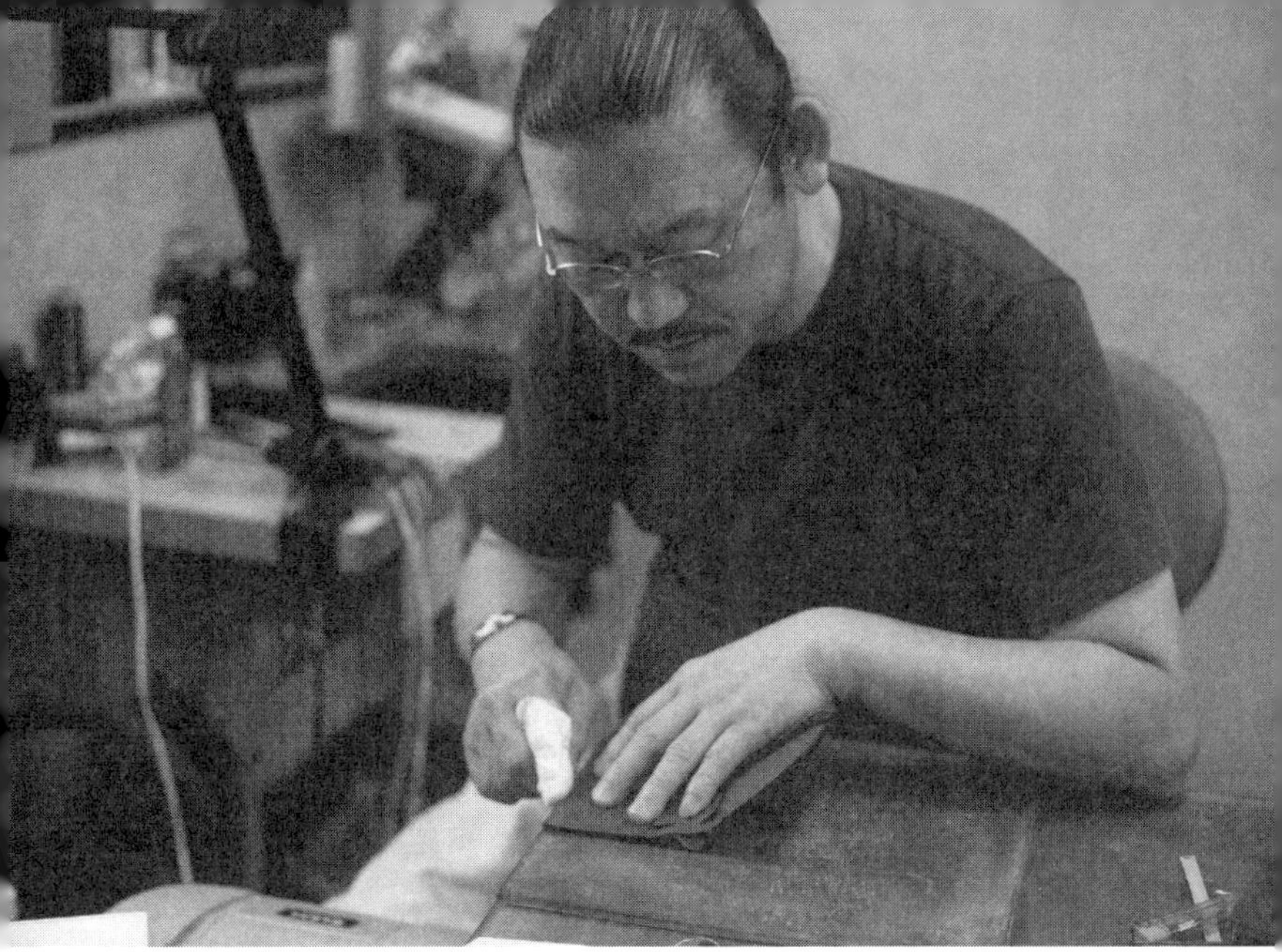

四章

頑固オヤジの反骨仕事術

革包丁をカッターに持ち替えて、金勘定は足し算式の明朗会計。
マーケティング、ニーズ、トレンドやらはどこ吹く風、
墨守《ぼくしゅ》したのは伝統ではなく……。慣習も常識をも打ち捨てながら
品質至上主義で軽快に駆け抜けた21年。その歴史は頑固の歴史。
メゾン・ド・ヒロアンのものづくり物語。

ヒロアンの金勘定

金の容れ物を作っているくせして嘘つけと言われそうなものだけど、金の勘定はあまり好きじゃない。だけどまったくの不得手というわけでもない。

僕が20代の頃だから、かれこれ40年以上前の話になる。長谷川製作所での仕事を終えた後、週の半分は「シャノワール水戸屋」という浅草の骨董屋で過ごしていた。古時計のコレクションが有名な店で、小林さんという60歳くらいの店主がいた。

お目当ては骨董であり、そして小林さんだった。

小林さんの骨董うんちくは時間を忘れさせた。気が付いたら何も買わずに夜中の11時をまわっていたこともよくあったほどだ。その調子で、小林さんが引退するまで、だいたい3年ほどは店に通い続けた。

小林さんは商売の達人、というか商売の仙人のようなところがあり、若い僕でも買える手頃な瀬戸物を見繕ってくれて、時たまそこに一生ものの「おまけ」をつけてくれた。

その一つに、金に関するこんな言葉があった。


「金は追いかけた距離だけ逃げる」


商売についてはまだおぼこかった当時の僕だが、それでもその言葉が持つ凄まじい真理はしっかり理解できて、なるほどなるほどと深く相槌を打った。

ものづくりの人間が金を追いかけ始めると碌なことにならないのは本当だ。

原価を安易に下げて儲けを出そうとすると品質の低下に直結する。品質が落ちれば人の心が離れる。

つまり、金を追いかけた結果、皮肉なことに金は駆け足で逃げ出す。それが人にかかる金なら、ついでに作り手までいつか逃げ出すだろう。

じゃあ量を売ればいいかというと、無闇に作り手を増やしたらこれまた品質が保ちづらくなるし、数が出すぎれば価値が下がるのもまた道理。やはり金はそろそろと逃げ出していきそうだ。答えはその続きにあった。

「金に追っかけさせろ」

最高の財布を作っていればよいのだろうときわめて単純にしか考えてこなかったが、はたして本当にそれでよいのか不安もあった。それが小林さんの話で案外いい線をいっていることを知って、大いに自信を持つことができた。

48歳から作り始めた「MAISON de HIROAN」の財布は、そもそも大量生産など叶わないマニアックな品質だったが、「品質はそこそこだけどいつでも手に入る」という財布よりも価値が下がりづらいこともだんだん分かってきた。

価値があるなら値を下げる必要もない。

クロコダイル革の財布ならいざ知れず、牛の革の財布にさすがに十万を超えるような値をつけようとは思わなかったが、これだけいい材料を使って、必要なだけの人手をかけたらこの値段になりました、というシンプルな足し算でじゅうぶんに事足りた。

新しく注文をいただいても納品の見込みが半年以上先なんていうこともあるが、待ちたくなる価値のある財布を作ってさえいればよいのだと、しごくシンプルに考えるようにしてきた。

その一方で、不良品という金食い虫は徹底的に駆除してきた。不良品はともかく金を食う。その分がロスになれば、そこにかけた材料費も人件費もマイナスになるし、返品対応には人手がかかるから残業代もかさみ、おまけにほかの仕事にも支障が出る。

なにより、信頼を失ったら、財布を2度と買ってもらえなくなるかもしれない。

結局は品質に対してどれだけ潔癖になれるかという話に尽きる。なぜか素材のよしあしだとか機械の性能だとかばかりに目が向きがちだが。

ただし人間の注意力には限りがあるから、基準は守りやすい内容に。

僕も職人だからわかるけど、理由が腑に落ちるルールは守りやすいし、守った時の達成感が大きいので続けやすい。だから、革包司博庵では、なぜこの幅を守るのか、なぜこの針を使うのか、そもそもなぜこの工程が存在するのか、一つ一つすべてに説明がつくようにしている。秘訣はそんなシンプルなところにあるような気がする。

そこまで気をつけているにもかかわらず、品質不良で返品を受けたことがある。それまで何の問題もなかったとある金具にひびが入ったのだ。一通り検証してみたがさっぱり分からないので、金具メーカーに連絡すると、謝罪とともにすぐに新品を持ってきてくれた。後日わかったのだが、原因は金具を作る材料の質が知らない間に落とされていたというのが真相だった。

こんな不可抗力のようなことが原因でも、メーカーが責任を負う。なんて言うとまるで被害者か何かのようだが、メーカーにしか始末がつけられないのも事実だ。「頼むから売ってよー」などと言うのは僕的にはアウトだな。人間の底を見られるのはまっぴらだ。

とまあ、僕の金勘定はかようにシンプルだ。せっかくなのでそれっぽくまとめるなら、「完璧な製品に勝る完璧な戦略はない」といった感じか。ともかく金はついてきている。

戦略といえば、骨董屋の小林さんの金に関する金言に、こんなものもあった。

「ものを売るだけじゃ金はつかない。自分そのものを売るんだよ」

自分を売るだなんていかにも誤解を生みそうだが、要するに商売は付加価値をつけてなんぼという意味だ。今どきの言葉でいうならホスピタリティとなるのかな。そしてお気づきかもしれないが、僕自身が、小林さんの術中にすっかりはまっていたクチだ。

「また来たのかよー、まあ座れよ」

小林さんのホスピタリティは飾り気がなく、そして真の学びがあった。

もし同じ茶碗が同じ値段で手に入る店があったとしても、僕は小林さんから買っただろう。金も相当落としたが、かけた金以上に豊かな、一生ものの価値観を得ることができた。

中国製の今昔

ものづくりで大儲けしようと思ったら、多くの企業が海外生産という展開を考える。工賃が安く、大量生産もできるからだ。名門と呼ばれる欧米の高級ブランドでさえ、「世界の工場」、つまり中国に生産拠点をたいてい持っている。

そして、「最近の中国製は質が高い」と評判になっているかと思えば、「中国製はやはり信用がならない」と揶揄《やゆ》されたり。お隣中国の動向は何かと気にかかるが、思うに、どちらも本当だ。

革包司博庵を立ち上げる前の話だから、20年以上も前のことになる。

僕は毎月、広東省の工場へ出張っていた。中国の職人とひと口に言っても、腕のレベルは本当にいろいろだった。だから、中国製だと十把一絡《じっぱひとから》げにはできないものだなと感じていた。まあこのあたりは日本人も同じだな。だけど、少なくともこの頃の中国製はよくなかった。

まず、職人の腕や気質というよりも、言葉の問題が大きかった。

もちろん日本語が話せる中国人スタッフを入れていたものの、日本人の職人相手であれば伝わるちょっとしたニュアンスまでは、どうしたって伝わり切らないのだった。

戦後の日本で、車や精密機械などの工業が高度な発達を遂げたのは、欧米諸国から持ち込まれたあらゆる技術用語を、無理くりにでも日本語に置き換えてきたおかげだという話をどこかで聞いたが、あながち間違っていないと思った。

一匹狼のアーティストでもない限り、ものづくりの肝心は、棟梁と職人の意思疎通にある。だからもし公用語が英語になっていたら、日本のものづくりは衰退していただろうなと思う。なにせ、大正生まれの僕の親父がカタコトの英語で職人たちに指示している姿など想像できない。

中国との物価の格差も問題に思っていた。

特に財布のような革製品は品質を規格化したり数値化したりするのが難しく、それこそ人間の目端に頼る部分も多いのだが、月給をはたいても買えない〝物体〟の品質に対して、はたしてどこまでの心血を注ぎ込めるだろうかと常に考えていた。

だから最近、中国製の品質が上がったとされるのは、先進国に追いつきつつある物価と比例しているというのもある気がする。

物価と比例して工賃もすっかり高くなったので、大量生産の拠点は、カンボジア、ベトナム、タイ、バングラデシュへと移りつつあるようだが、そこが「物価の安い外国語圏」である限り、問題の本質はいつまでも変わらないように思う。

余談になるが、長谷川製作所で中国の仕事が本格化した時、一番気がかりだったのはやはり言葉と文化の違いだった。何かの手がかりがあるかもしれないと思い、週末に女房と連れ立って、横浜中華街へ出かけてみた。

「横浜大飯店」で飯を食いながら、店内を偵察。たいそう日本語の達者なウェイトレスがいたので、声をかけて自己紹介をした。彼女の名前は、イングリッシュネームでキャロルといった。「わたし、香港です」と屈託なく受け答えをしてくれて、いろいろ話すうちに、夫婦ともども彼女のことがとても気に入ってしまった。

広東語はもちろんのこと英語も堪能で、とても聡明な女性だった。歳を尋ねたら16歳だということでだいぶ驚いたが。僕は事情を話して、何かあった時に力になってほしいのだけど、せっかくなので友達になりませんかと申し出てみたら、「いいですよ」と快諾してくれた。21歳で帰国したキャロルは律儀に連絡をくれて、以来、何かあるたびに手を尽くしてくれた。

革包司博庵を立ち上げたあとも、香港の展示会やら何やらで縁は続いた。やがて結婚したキャロルとは家族ぐるみのつきあいになり、香港は大好きな旅行先の一つにもなった。

流行なるもの

急須のかたちが急に変わったりしないように、幸いにして紳士用財布も、よしとされたかたちが急になくなったりはしない。

財布のような実用品は、無闇に流行を追うよりも、万古不易《ばんこふえき》、つまりいつまでも変わらない普遍的な価値や技術を追求したほうがよっぽど固いと思っている。基本的には。

ただ、ほかのジャンルに比べたらだいぶ緩やかではあるものの、財布の世界にも一応流行りがある。

たとえば僕が長谷川製作所に入って間もない1970年代は、チョコ、キャメル、グリーンなどの明るい色がよく出て、中でも売れ筋はグリーン。ずいぶんと華やかだった。一転、今の売れ筋は黒と紺らしく、だいぶコンサバティブになっている。たしか紺は婦人物の色だったはずだけど、そのあたりもジェンダーレスになってきたのだろうか。

50年の経験から、流行というものは自然現象だということがだんだん分かってきた。先のことを予測しても、逆に過ぎたことを分析しても、あまり意味がないように思った。なにしろ流行は気まぐれで、思惑通りにはなかなかいかない。

２０１９年のことだった。

某百貨店と、２０２０年の東京オリンピックのエンブレムをモチーフにした限定デザインを企画していて、イタリア製の箔を使った熱転写プリントで、それはそれは美しくできあがった。ところがまさかの開催延期。まんまとお蔵入りになった。

量産前で大惨事には至らなかったが、たまに流行に乗ってみるとこれだ。

長い間、小銭入れつきの財布には手を出さないできたが、需要に逆らい続けても商売にならないので、重い腰をあげて小銭入れつきの財布を作ってみたこともあった。それはよい出来栄えに仕上がったのだが、なぜかここ数年で突然、小銭入れのないタイプが急に需要を盛り返してきた。キャッシュレス化の影響かとも考えたが、だとしたら小銭入れの売れ行きが落ちるはずで、どうにも辻褄が合わない。

あれこれ原因を考えてみたがさっぱり分からないので、考えること自体を放棄した。

頑固オヤジのぼやき

これだけ長い間財布ばかりを作り続けていると、憤懣やるかたないことからそうでもないことまで、いろいろたまってくる。その中にはもしかしたら役に立つこともあるかもしれないが、ないかもしれない。まあ財布屋のぼやきとして軽く流してほしい。

「吉日」

天赦日、一粒万倍日、寅の日。財布の新調にふさわしいとされる吉日にはいろいろある。僕個人は特にこだわらないが、新品の革財布を持つ清々しさは確実にあって、それがいい運気とやらを引き寄せるのはなんとなく分かる気がする。

ただ、少なくとも壊れたり傷んだりしたら、吉日を待たずに新調したらいいとも思うし、せっかくよい革を使って丈夫に作っているのだから吉日など気にすることなく好きなだけ長く使ってほしいとも思う。

「キャッシュレス」

日本はキャッシュレス時代に乗り遅れただのなんだのと言われて久しいが、日本ほど現金が安心して使える国もない。治安がよく、偽札の心配もないし、釣り銭をごまかされることもない。こんなありがたい話はそうそうない。

だいたい、いくらキャッシュレスが便利だとはいえ、スマホが充電できなくなったり、通信障害でクレジット決済ができなくなったりしたら、逆にだいぶ不便だろうなどと思ってしまう僕は、古い人間なのだろうか。

それによく聞くじゃないか。現金を知らない子供は金の概念が育たないって。大人だって人ごとじゃないが。

「三つ折り財布」

三つ折り財布がいっときずいぶんと流行ったけれど、折り畳んだ分だけ厚みが増しているから、実は大して小さくなっていなかったりする。そしてわざわざ三つ折りの札室に押し込んだお札はみっともなくカールしてどうにも気持ちよくない。二つ折りで十分だ。

そもそも二つ折りの財布が入らないバッグが存在するのだろうか。念のためにバッグ好きの女房に確認してみたこともあるが、すべてのバッグに二つ折りはすんなり収まった。それにしても、女性のバッグはどうしてあんなにいろいろな色形があるのだろうな。

これも商売だからと、「MAISON de HIROAN」でも三つ折り財布を作ったが、実は「かぶせのついた二つ折り」だ。お札がカールすることもなく、そして十分にコンパクトだ。

「淑女の財布」

僕は紳士専門の財布屋だけど、ご婦人たちにもちょっとだけ言いたいことがある。

コンビニでもスーパーでも、釣り銭を受け取るのを待っている間、財布をがばっと開けたままにしている姿。レディとしてあれはない。財布の内側ほどプライベートな空間もないというのに。

小銭とレシートとポイントカードでぱんぱんになった財布は…、なんてのは普通すぎるのでやめておく。

「ロゴ」

あまりに大きいとノベルティに見えるな。財布に限らず。だからというわけでもないが、「MAISON de HIROAN」のロゴは、可能な限り小さくした。刻印の刃先がだめにならない程度の大きさと最低限の可読性は必要で、文字のタッパは1．2ミリが限界だったが、それでもゴマ粒よりも小さい。

おそらく革製品界で最小クラスの箔押しで、これがまた品があって非常によい。

「本磨き」

先日、メルカリで中古の財布を買った。かつて一世を風靡したフランスの老舗革小物ブランドの財布で、どんな仕事をしているのか見てみたくなったのだ。定価なら7〜8万円はするところが、3000円ほどで買えた。

ヨーロッパのメッキ技術が高いのは知っていたが、金具はさすがだった。ところが本体はなんだか中途半端なつくりで、特に切り目の始末がよくない。ショーケースの中ではさぞかしきらめいていただろうに、金具のきらめきと劣化した顔料仕上げの切り目のみすぼらしさのコンビがアンバランスな、なんとも奇妙な品質だった。

財布職人の悲しい性で、眺めているうちになんだか気分がざわざわしてきたので、得意の磨きをほどこしてやった。

だけど、この「磨き」という言葉にも物申したい。

なぜなら、いつの間にか顔料仕上げのコバも一緒くたに「磨き」と呼ばれるようになっていた。そのせいで、親父や僕がこだわってきた昔ながらの「磨き」が「本磨き」と呼ばれるようになった。磨きに本物も本式もあるものか。本当にばかばかしい。どう考えても磨きは磨き、塗りは塗りだろう。

だいたい顔料仕上げと「本磨き」とでは、手間にも堅牢性にも天地ほどの差があるというのに、新品の時には見分けが付きづらいのも本当に面白くない。だからお目当ての財布がそこそこ高いものであれば、財布売り場の店員さんに、「この財布の切り目の始末は、顔料仕上げか？　本磨きか？」と聞いてみるほかないだろう。

ところが昨今は、財布売り場の店員であっても、このあたりの知識があやふやだと聞く。

「頑固オヤジ」

「お前、職人のくせにほんとによくしゃべるよな」と同業者。

「仕方ねえよ。口から先に生まれてきたんだから」と僕。

しゃべりが苦手な職人が多いのも本当だが、職人にも個性ってものがある。だいたい職人が寡黙だなんて誰が決めた？

寡黙。頑固。見て盗め。

さも美徳かのように持て囃される職人のイメージ。そんなのはただのステレオタイプじゃないだろうか。少なくとも自分にはひとつも思い当たらない。

頑固なのは、財布に対してのみ。

頑固で何が悪い。だいたい何かに迎合してものづくりをしていくと碌な結果を生まない。世の中のニーズというものが必ずしも正解だとは限らないからだ。財布でいえば、カードスロットをもっと増やしたいとか、外側にポケットがあれば便利なのにだとか、大きいほうがいいと言ったその口で、やっぱり小さいほうがいいと言ってみたり。もしいちいち取り入れていたら、とんでもなく不恰好な財布になるし、使い心地や耐久性にも難が生じてくるだろう。

だから、どのニーズを取り入れるかどうかは、相当慎重にジャッジする必要がある。この頑固さが品質を守るのだ。

ニーズといえば、2万円代の財布が売れているからとか、1万円代の財布が少ないからとかいった理由で、売り値から先に決めるような仕事も世の中には多くある。迎合してなるかよ。

道具の創造

「道具の創造こそが優秀といわれる職人の力なり」

これは、長谷川家に伝わる言葉。祖父も父も財布を作るだけでなく、それは様々な道具を自作していた。道具を自作するほどの探究心が一流の財布づくりを可能にしてきたのだと思っている。僕も美しい財布を作りたい一心で、数十年の間にいろいろな道具を自作してきた。

たとえば紳士用財布には、「ネン引き」という装飾がある。熱したコテを革に押し当てながら引き、財布の縁に一直線のラインを刻むのだが、その陰影が額縁のような効果で財布の輪郭を美しく引き締めてくれる。まずこのネン引き用のコテを自作した。

二つに割れたコテの先を使って、定規をあてずとも、ヘリからきっかり1ミリの位置にネンを引くことができる。しかも、既成のコテだと少々あからさまなラインになるところが、これだと非常に品のいいネンが引ける。

革にロゴを刻印するための箔押し機も一から設計した。既成品はセッティングに時間がかかりすぎたり何かと具合がよくなかったからだ。ロットの関係で11台こしらえて、10台は同業者に売ったのだが、これがたいそう好評だった。

自作せずに解決する場合ももちろんある。

その昔、革の裁断には革切り包丁が使われていたが、研ぐためにたびたび仕事が中断され、はっきり言って効率はよくなかった。長谷川製作所時代には僕もさんざん研がされたものだ。だから革包司博庵では革の裁断にはカッターを使うことにした。

なにしろカッターは、刃がちびてきたらポキリと折るだけ。こんな便利なものを使わない選択肢はない。ちなみにカッターは、印刷屋で働く青年が発明した日本発祥の道具だ。それまでは紙をカミソリで切っていて、やはり同じ悩みを抱えていたらしい。

もちろんカッターならなんでもよいわけではなくて、業務用、工作用、革用、家庭用と何十種類も取り寄せてはあれこれ使ってみて、やっと理想の一本にたどり着くことができた。細くて小回りがきくのに、見た目に反してずっしり重みがあり、革の裁断に最適だった。祖父や親父の時代にこのカッターがあれば、きっと喜んで使ったに違いない。ちなみに、それは革用カッターではなかった。

味気ないと思うかもしれないが、昔ながらの道具だからよいとも限らないし、革切り包丁をいくら上手に研げても、財布づくりの腕がよいとは限らない。

なんだか財布よりも道具のことを考えている時間のほうが長い気もしてくるが、他所と同じ道具を使っているうちは、特別なものづくりもできないように思う。

今のようなことになる前は、毎年、休暇はパリに旅行に行っていた。サントノーレ通りからモンテーニュ通りにかけて、メゾンブランドが今年はどんな仕事をしているか一通りチェックし終わったら、そそくさと百貨店やスーパーのキッチンツール売り場へ向かう。旅の密かなお目当てはフランスの調理器具だった。

そこには、手先の器用な日本人では考えもつかないような珍妙な器具がいろいろあって、これが眺めているだけでもたいそう参考になるのだった。

せいちゃんとの話

「人を増やせばいいのに」と言われることもよくあるが、なにしろ僕の求める品質がマニアックすぎるので、腕だけでなく相当の根性がないとかわいそうなことになってしまう。だから、職人のリクルートは常に真剣勝負。そして、信頼できる人からのお墨付きが一番よい結果になることがだんだん分かってきた。その一人が、大月照雄さんだ。

大月さんは、お隣は両国にある、アトリエフォルマーレというバッグ職人養成学校の校長先生で、ベテランのサンプル職人でもある。大月さんからの推薦で雇った職人の一人は、今では番頭さんを務めてくれるまでになった。

アトリエフォルマーレは、大月さんがバッグデザイナーの三原英詳さんとともに立ち上げたのだが、二人のプロが創設したとあってかなり堅気な学校だ。同業者の先輩が、「この学校を出た人はお前のところに向いていると思う」と最初に薦めてくれたのをきっかけに伝手《つて》をたどって門戸を叩いたのだが、本当にその通りだった。


そうして慎重に出会いを重ねながら、やっと今の人数になったのだが、ありがたいことに、それでも注文にキャパが追いつかない。かといって他所の職人にマニアックな博庵品質を求めるのも無理があるので、結局、工程のほぼ100%を内製でこなしている。だけどそれらのうち、「革漉《かわす》き」という工程だけは、革包司博庵を立ち上げた時から外注にすると決めていた。

革は天然素材なので、合皮と違って厚みも均質ではない。だから、革製品を作る際には、革の裏側、つまり床面の繊維を削いで革の厚みを整える「革漉《かわす》き」が不可欠なのだが、財布に求められる革の厚みは非常に薄く、しかも小さい。道具からなにから途端に専門的になる。しかも、ベタ貼りのようなマニアックな技法を実現するには、最上級レベルの革漉き技術を要した。

自分でできるようになる道も考えなかったわけではなかったが、量産ともなると習得にどれくらいかかるか見当さえつかなかった。

そこで、長谷川製作所時代からつきあいのある、せいちゃんという職人に相談することにした。せいちゃんは、当時から抜群の腕を持つ革漉き職人だった。僕より五つ歳上で、子供の頃からたいそう可愛がってもらっていた。ところがだ。

「ごめん博司くん、そろそろ引退しようかと考えている」とせいちゃんは言った。

平成不況はものづくり業界にも暗澹たるムードをもたらしていたし、それでなくても〝そこそこの品質で大量生産〟をよしとするようになっていた当時の業界に、せいちゃんのような腕のいい職人はほとほと嫌気がさしていたのだろう。

必死の思いで「何言ってるんだよ、せいちゃん。寂しいこと言わないでよ！」と引き留めた。引き留めるだけなら誰でもできるので、精一杯の覚悟を差し出した。これから革包司博庵で製造する財布のすべての革漉きを、せいちゃんに依頼すると約束したのだ。独立したばかりの身には大きな決断だったが、せいちゃんのような優れた職人を失うわけにはいかないと思った。結局のところ何が功を奏したのかわからないが、せいちゃんは仕事を続けると言ってくれた。

その後、革包司博庵は生産数を順調に増やし、せいちゃんとの行き来も増えていった。さらに何年か経った頃には、外で勤めていたせいちゃんの息子が「親父のあとを継ぎたい」と戻ってきて、めきめきと腕を上げていった。

そんなわけで今日も革包司博庵には、せいちゃん親子が営む革漉所から革が届く。いつ見ても、ほれぼれするほど潔癖な仕事だ。

にじり口式

「職方商人《しょっかたあきんど》」といえば浅草のパイプメーカーの柘恭三郎さんの座右の銘で、職人は自分の作ったものの価値を、自分できちんとつけられるようでなくてはいけないというような意味だ。職人の本分はものづくりだが、商売の才覚は多少なりとも必要なのだ。

今どきはハーバード流だのユダヤ式だのいろいろあるようだが、僕がおすすめしたいのは「にじり口式」だ。ちなみに僕が勝手に名付けた。

にじり口とは草庵茶室における客用の小さな出入り口のこと。頭を下げて身を屈め、正座のままそろそろとにじり口をくぐると、茶室という小さな非日常空間が眼前に広がる。なんとすばらしい演出だろうか。巧い商売は、相手を自分の土俵に引き上げてなんぼだと思うのだが、なにしろ職人は口下手なので、ならばいっそこの茶室の効果を借りてしまえばよいと思うのだ。

ただ、利休のことだから、そのもう一歩先まで計算が及んでいた気がする。たとえばどんな荒ぶった客人もにじり口を通ることで多少ともしおらしくなる。そんな心理を巧みに利用して、場の主導権を握りやすくしていたとか。なんていうのは少々穿《うが》ち過ぎかもしれないが、にじり口の効果はそれほどに計り知れない。人を威嚇するばかりの大仰な門構えの類なんかよりずっと。

それでいうと、革包司博庵には、ちょうど茶室でいう「小間」ほどの小さなスペースがあって、それが社長室になっている。工房の一角を何棹かの違い棚で区切ってこしらえた。その社長室への出入り口が、にじり口かと思うほどに狭い。利休に倣って、などというわけでもなく、単なる間取りの都合なのだが。

この「にじり口」を通過して眼前に広がる光景がどんなものかといえば、最初の予定ではこうだった。

違い棚に、急須だの茶碗だのの僕の骨董コレクションがぽつんぽつんと並べてある。「なかなか面白い趣味ですね」「これは江戸時代に作られた〝ころ茶碗〟と言いまして」などと得意の骨董トークで相手に感心させてからの商売の話。

ところがだ。仕事道具やら、革の切れ端やら、読みかけの本やらが僕の手によってこつこつと持ち込まれ、自慢のころ茶碗も急須もその隙間に見え隠れするという、なんとも不思議な空間ができあがってしまった。しかも社長デスクの背後には、段ボールの小箱が天井まで届きそうなほど高く積み上げられている。

この仕事をしていると宅急便をよく使うため小箱は必需品なのだが、箱をいちいち畳む暇も惜しいし、空箱のまま積み上げておけばぴったりのサイズがひと目で分かるので、これはこれで合理的だったりする。

などと、ゲスト相手に小箱の山の成り立ちを披露するところから話が始まる。本当ならそこはころ茶碗のうんちくでも語っていたはずなのだが。

そんなわけで、革包司博庵の「にじり口」効果の程はほかりかねるが、このまったくもって取り繕わない空間が、相手に腹を見せるという意味ではなかなかの効果を発揮しているような気もする。もちろん、おいしいお茶は必ずお出しする。

儲けた金の使い道

朝起きて、飯食って、人と話して、仕事して、風呂入って、寝る。

大富豪も、庶民も、同じ人間だ。地球に住む限り1日は24時間。やれることの量は実はそこまで変わらない。だから、貧乏はいやだけど、だからといって大富豪にならなくてもいい。どれだけ大金を積もうと、1日が24時間以上になるとか、寿命が50年延びるとかいうことは絶対にないのだから。

ただ、人間に生まれたからには贅沢はしたほうがいい。金は人を幸福にしないが、贅沢は心に幸せをもたらす。問題は贅沢の中身だ。家が買えそうな値段の高級時計をコレクションするとか、車を何台も所有するとか、そういうことでもない気がする。「一生もの」なんてのもまやかしだと思う。一生使い続けるかどうかなんて、売るほうじゃなくて持ち主が決めるものだ。

僕の親父が好きだった言葉にそのあたりのヒントがあると思う。

「吾《われ》ただ足るを知る」

京都の龍安寺の蹲《つくばい》、いわゆる手水鉢に刻まれている「吾唯知足」が有名だが、中国の孔子もインドの仏陀も、この「知足」に関しては同じような意味のことを説いていて、出典さえ明らかではなかったりする。それくらい普遍的な概念ということなのだろう。

その解釈も人によって捉え方が変わってくるようで、大事なのは精神的な充足だ、とか、満足を知らないと不幸だ、とか、はたまた、必要なものはすでに持っている、だとか。そのあたりもまた禅問答のようで楽しい。そして僕ならばこう答えるかな。

「真の贅沢を知らないといつまでも心が満たされない」

真の、というのが肝心だと思っている。

僕が思う真の贅沢は、飯に金をかけることだ。といっても、高級な寿司を毎週食べるとか、高いワインを惜しげなく開けるとかではなく、安全な食べ物を気兼ねなく毎日食べられること。

何しろ、野菜にしても魚にしても、健康にいい天然ものや無添加の食べ物は、今のご時世結構高くつく。もっとも食べる量には限度があるので、時計や車に比べれば高が知れているし、体によいことをしているという実感がまた心を充足させる。

海外旅行もいい。ただ僕の場合は、観光地や絶景スポットの類には興味がなくて、街をひたすら歩く。自分のことを知る者が誰もいないという究極の非日常に身を置くことにえも言われぬ豊かさを感じる。もちろん財布にもついつい目がいく。イタリアの男の財布は色が洒落てるなだとか、あからさまなブランドものはあまり見かけないなとか、日本にいては分からない発見がある。

そういえば僕はユダヤ人の思想に興味があった。その思想はすでに数々のビジネス指南書でも紹介されているから有名だと思うが、ビジネスや金など、俗とされそうなものにもしっかり言及している点が面白いと思っていた。

「体は心に依存し、心は財布に依存している」

「世界でもっとも重いのは空の財布だ」

こんな具合に「財布」という言葉も結構登場する。

世界一勉強家とされる彼らだが、日本にいては見かけることさえなかなかない。だからパリでは、黒い帽子と立派なひげを蓄えたユダヤ人のグループを見かけるたびに近寄っていきそうになる。カフェやレストランで彼らが食事していたら、そこはよい店なのではという気さえしてくる。「日本人だから」と同じことをされたら喜ばしいかどうかは微妙なのでほどほどにしているが、ともかく、ウーバーに乗っていてはそんな出会いも発見もない。

だから、日本では歩かないくせにと女房にからかわれるほど、せっせと歩く。

そういえば、ユダヤの教えにはこんなものもあった。

「金を稼ぐのはやさしい。使い方は難しい」

きっと一生かけて身につけていくものなのだろう。

そして、この性分なので大儲けは無理だけど、それでも職人たちが安心して働き続けられるくらいの儲けは出し続けたい。


「儲けた金は絶対に独り占めするなよ」

これは親父の言葉だ。経営者になった今、その意味が痛いほど分かる。人より大事なものなどなく、金などが原因で何かあってはいけないということだ。言い方はだいぶ悪いけど、それが仕事である以上、人と人は金でつながっている。親父の言いつけは、今生きっちり守っていく。

日本にはなぜ〝エルメス〟が生まれないのか

一流の技術を備えた優れたメーカーが日本にはいくつもあるのに、不思議とエルメスのような規模で商売するブランドは見当たらない。資本の問題ももちろんあるだろうが、それだけだとも思えない。

多くの民族と言語が入り乱れていたヨーロッパでは、「我々が作った！」とか、あるいは「我々がもっとも優れている！」とかいった目印を、相当効果的に掲げないと生き残れなかったはずだ。そんな風土のせいで、欧米のブランドはそのあたりが巧いのだと半ば確信している。

パリやミラノへ旅行する時は一通り高級ブランドのブティックを冷やかすが、石造りの街並みに映える見事なディスプレイにもいつも感心する。癒しやありがたみなんかを視覚的に伝える教会のステンドグラスだとかも、まあとにかく巧い。その巧さでもって、国や民族という壁を軽々超えて広く波及する。

一方、島国の日本は単一民族だから、言葉も、そして理屈も比較的通じやすく、モノがよければクチコミでしめやかに広がっていく風土があった。もちろん「御用達」文化の存在も忘れちゃならないが。そんな日本で「我々がもっとも優れている！」をかましたら、モノのよしあし以前に、さぞかし野暮天に見えたんじゃないかと思う。

だいたい、「秘すれば花」に美徳を感じ、何もない余白に幽玄の美を見出す日本人の感性は、世界一すばらしいものだと思っている。そこにビッグメゾンが生まれようと生まれなかろうと。


だけど、近年になってそのセンスは世界で注目されている。5年ほど前、今の上皇陛下とサウジアラビア副皇太子殿下の会見が御所で行われた時、陛下の「ご自宅」の慎み深い美しさと品の良さに、世界から称賛の声が上がった。

すっきりと何もない部屋で、装飾といえば卓上にポツンと置かれた花瓶の花と、障子越しに差し込む優しい自然光のみ。欧米や中東の美意識が「足し算」にあるとしたら、まさに「引き算」の極みのような空間だった。その美しさが世界に通じたことに、胸がすく思いだった。

それに、すでに結構いい線はいっている。どこそこの高級ブランドの服に使われている美しい生地が、日本の繊維メーカーのものだったなんて話も、すっかり当たり前に聞く話になった。

エルメスのようなブランドこそないものの、日本にはエルメスが欲しがる世界有数の職人技がたくさんあって、京都のシルクプリントでスカーフを使ったりとか、竹細工の技術を取り入れて家具を作ったりとか、様々なコラボ作品も生まれている。

中身はある。容れ物がないってだけだ。

そりゃ容れ物も中身も立派だったら最高だけど、立派な容れ物だけあって中身がないというよりかはだいぶいいことだろう。ただ、容れ物がないにしたって、分かりやすい目印くらいはつけてもいいかもしれないな。

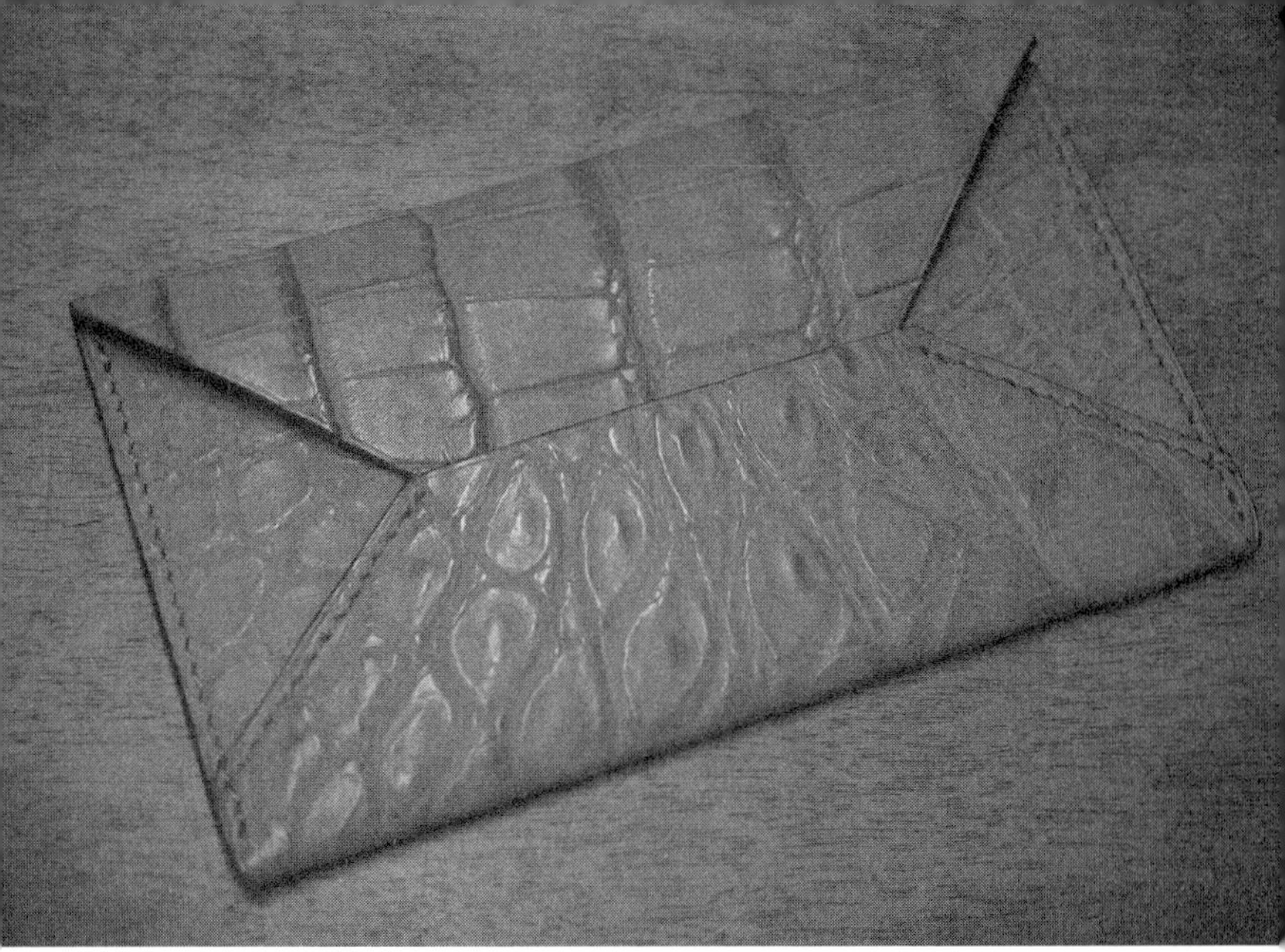

五章

死ぬまで働く

働くことは生きること、職とはこれ自分の分身。
財布を作り続けて51年（現在更新中）の現役職人がつぶやく、
誰憚ることなく、一度きりの人生を全うするための心得《ヒント》とは。
貪欲に、幸せに、生き抜きたい、働き抜きたいと願う
すべての働く人、そして働きたい人へ。

depu·is 1906

僕の名は長谷川博司。生まれも育ちも台東区小島町。48歳の時に紳士用革財布専門メーカー「革包司博庵」を創設した。それまでどうやって生きてきたかというと、やはり財布を作っていた。

1906年、明治後期に祖父が始めた財布づくりを、僕の親父が受け継いだ。

「馬蹄の長谷川」

「切り目の長谷川」

親父の作り出す財布は、その品質の高さからいくつもの異名を持っていた。18歳でこの道に入った僕は、ベテラン職人たちに小突かれながらも、財布づくりのあれこれを習得し、その30年後、48歳で独立したというわけだ。

そこで、紳士用財布ブランド「MAISON de HIROAN」を立ち上げ、今に至る。ファクトリーブランドというやつだ。

僕の財布は気を衒《てら》わないスタンダードなかたちだ。だけどそこには、誰も真似したいとさえ思わないような数々のこだわりがこっそりと詰め込まれている。そんな密かなこだわりがパリのメゾンブランドの目に留まったことで、「MAISON de HIROAN」の財布は世界レベルで見ても最高の品質なのだと確信できたのが、今から15年前のこと。

しばしばマニアックなどと評される品質は、我ながら潔癖。だけどそれは、祖父、親父と三代にわたって受け継がれた財布の美学そのものでもある。職人の血が遺伝するかどうかは分からないけれど、精神性のようなものは確実に継承されているようだ。そうして足かけ51年、財布を作り続けている。

そんなわけでなにしろ生まれてこのかた、財布の世界からしかものを見たことがない。その生き方にはなにぶん極端なところもあるのだろうが、69歳を迎えた今、自分は世界で一番幸せな男だと確信している。

そんな、紳士用革財布一筋に生きてきた男が考える、幸せな生き方なるものについてお話ししてみようと思う。

ワークとライフ

今の家は54歳の時に手に入れた。3階建ての3階が僕と家族が暮らす住居フロアで、仕事場はそのすぐ下だ。

365日、仕事場と住まいが同じ場所にあるという環境は、人によってはぞっとするかもしれない。そんな働き方をよくないと感じる人もいるだろう。だけど、僕のような質《たち》の職人にとっては最高の環境だったりする。ワークライフバランスなんて言葉が使われ出してだいぶ経つようだが、ワークとライフが別物だという発想自体をそもそも持ち合わせていない。

もし家と仕事場が別々だったら?

仕事のアイデアはたいてい突然降って沸く。入浴中だろうと就寝前だろうとお構いなしだ。それを翌日に持ち越す堪え性のようなものがないので、何時だろうとどうせ仕事場へ直行してしまうだろうな。あるいは仕事道具を家にごちゃごちゃ持ち込みだすかもしれない。

今の家を手に入れる前の仕事場は上野にあって、その頃はきちんと「通い」だった。ところが仕事の量は際限なく、帰宅は毎晩夜中の11時だった。帰宅途中に通りかかった地元の友達がドアをバンッと開けて、「まだやってんのー」とずかずか入ってくることもよくあったな。そんなわけで、仕事場にいる時間が圧倒的に長かった。

賛否両論ありそうだけど、今のほうがずっと人間らしい生活のような気もしている。

8：00　起床。
8：15　朝食。
10：00　始業
12：30　昼食のために3階に上がる。
13：30　午後の部スタート。
18：15　終業
20：30　夕食のために3階に上がる。
24：00　就寝。

だけど実際はもう少し混沌としている。

本当なら8時くらいまでゆっくり寝ていたいのだが、朝6時から仕事の電話が鳴り始めることも。朝食は豆乳を飲むだけだが、豆乳を飲み終えないまま午前中いっぱい電話応対が続くこともある。

そして、合間合間に趣味を同時進行している。音楽を聴いたり、お茶を淹れたり、骨董を愛でたり、あるいはお香を焚いたり。最近のお気に入りは香港のホテル「カオルーンシャングリ・ラ香港」で焚かれているのと同じジャスミンティー。清潔感のある甘い香りで、海外に行けない気分も多少は紛らう。

骨董のオークションにも精が出る。不景気のせいか、本来ならなかなか高価な代物が信じられないような値段で出品されていたりするためだ。最近の出物は「ころ茶碗」。江戸時代の古伊万里で、何年か前なら1個3万円は下らなかったのが、なんと3000円ほどで手に入ってしまった。

側から見たら気が散っているようにしか見えないこの働き方は、上野で一人で財布を作っていた時からだからずいぶん長い。右の脳も左の脳も、バランスよく使ったほうがいいとよく言うが、思考がリフレッシュされて仕事がまた捗る。

18時30分にきっかり仕事が終わらないこともよくある。そんな時はいわゆる「残業」をするが、途中で夕飯を食べに3階に上がったりして、やはりそこまで時間に追われる感じもない。通勤時間がゼロなのは大きい。

時計の針を気にかけるような働き方だけはしたくないと思っていたけど、時計の針どころではない。だけど常に力を使い切っていては、ここぞという時に瞬発力が出ないし、これでよいのだ。武道の達人も構えの間はすっかり力を抜いているというし。それに、革包司博庵の「庵」は家という意味も持つ。つまり博庵で「ひろしの家」。こんな僕の働き方にもぴったりくる名前じゃないか。

就寝は24時だが、寝ようと思った瞬間に突然、「あの型紙はあそこのアールを調整すればうまくいくかもしれない！」 などと急に閃《ひらめ》いたりする。朝まで待てないので、パジャマ姿のまま、そそくさと仕事場に降りて図面を引き直してたりする。

僕の親父もまた、それが深夜だろうと何か思い立ってはささっと仕事場へ向かうタイプの職人だった。一度、何をしているのだろうと覗いてみたら、黙々と型紙の裁ち直しをしていた。その時は「明日やればいいのに」などと思ったものだが、気がついたら僕もまるで同じことをしているのだった。

好きなことが仕事になるまで

好きなことを仕事にするべきだという今の風潮には、まったくもって賛成だが、現実はそう甘くないとも思っている。

肝心なのは「得意」であるかどうか。「得意」なことは概して人に褒められやすい。相対的な価値があるからだ。相対的な価値があるから仕事になり、金もついてくる。そうなると、そうやすやすと手放そうとは思わなくなる。つまり、底意地が湧くようになる。「好き」なだけだとこうはいかない。「下手の横好き」という言葉があるくらいだ。そこに相対的な価値がつかないなら、それは幸せな仕事にはなり難い。仕事というものは、理不尽なことも不本意なこともひっきりなしに起こり、「好き」なだけではいつか心が折れる。

だけど、せっかく好きなのだからやめたらもったいない。趣味として続けていけば、人生の彩になってくれる。

僕などは、ものを作るという「好き」なことが仕事になったクチで、ラッキーとしか言いようがないが、最初から「得意」だったわけではない。

それこそ小さい時からものを作るのが好きで、道で拾ってきた金具やら木片やら、あるいは革のくずやらを組み合わせて、得体のしれない物体を毎日のようにせっせとこしらえていた記憶がある。自分にとっては宝物だったが、そこに相対的な価値などあるわけもなかった。

それが中学生になると、どうしたらよりよく作れるかという探究心が湧いてきて、木工の授業で作った木の椅子は表彰された。生まれて初めて相対的な価値を得た。

ものがなんでもすぐに買えない時代に少年時代を送ったのがだいぶよかった気もする。おもちゃにしても何にしても、今の時代のように、できあいのものというはあまりなく、ラジオなんかも自作するのが当たり前。壊れてもメーカー保証なんて当時はなかったような気がする。

高校生になると今度はものの仕組みに興味が湧いて、秋葉原で真空管などを調達して、スピーカーやらラジオやらをわくわくと改良した。

素材に興味を持てたこともよかった。僕が青春を過ごした60年代の日本は、今の時代とは比べ物にならないほど「ブランド」というものが少なく、多くの同級生と同じように、「JUN」や「VAN」に熱狂した。だけど、「レナウン製は生地の手触りが違うな」など と興味の的はその先にあった。ずいぶんズレたやつだと思われていたことだろうな。

そうしてなんでも突き詰める質《たち》も幸いして、「好き」なことは段階的に「得意」なことになっていった。

そして、いざものづくりの世界に入ったら入ったで、すぐに頭角を現したなんてことはなく、ガマ口の口金にはみ出た糊を拭くような地味な仕事ばかりやらされたし、職人廻りは深夜にまで及んでいつも寝不足だった。中国での大量生産が主流になった80年代には、メーカーの本分はいったい何だろうかと心を痛めたし、決して楽しいことばかりではなかった。だけど、そうしたすべてのことから貪欲に学びを得ていった。

「革包司博庵」という理想の環境を手に入れるまでに結局30年はかかったが、それを長いとも感じなかった。

要するに、辛い時も、順調な時も、ずっと幸せだった。

ただ、なにしろ作っただけしか金にならないから、「得意」なだけでなく、相当「好き」じゃない限り、なかなか厳しいものもあるとも思っている。だけど僕の場合、「死ぬまで作り続けたい」と思える程度には好きだから楽勝だ。65歳の「定年」までに一生分を稼ぎ終える必要もない。

そんなこともあって、「お仕事は何を?」と尋ねられて、「○○商事です」「○○不動産です」などと答える人を見かけると、それがどんなに立派な企業であってもなんだかなあと思う。どんなに自分の会社が好きなのだとしても、定年が来たらどうなるんだろう。

その点、欧米では、「お仕事は何を?」と聞かれて「キーパンチャーです」などと職を答える人が多い。よくよく聞けばそれこそ超有名企業のキーパンチャーだったとしても。もちろん「I am」で始まる英文法の都合なのだが、そうでなくちゃと思う。エキスパート思考の人も多いように感じる。

所詮は一時的な容れ物に過ぎない「会社」を名乗るのと、生涯自分の分身となる「職」

を名乗るのと、どちらが幸せか。アイデンティティはどこにあるという話だ。もし今の仕事にやりがいを見いだせない時は、自分が「会社」に就いているのか、「職」に就いているのかをあらためて考えるといいかもしれない。転職をするならおすすめは断然、就社ではなく就職だ。この「職」はもちろん「得意」の延長線上にある。

年齢？　そりゃ若いに越したことはないけれど、歳を重ねないと見えないこともある。伊能忠敬なんて50歳で新しく地図の勉強を始め、56歳から測量を始めたくらいだ。だいたい大器晩成ってやつはいい。若い時にやたら華々しく成功すると、なぜか碌なことにならない。なんてったって積み重ねてきたものがないからな。

実は20歳の頃、ものすごく華やかな副業を持っていた。昼は長谷川製作所の小僧で、夜はボサノバの歌手をしていた。大手レコード会社のスカウトが出入りするようなクラブで、週に2、3回はステージに立っていた。長谷川家からプロの歌手が出るかもしれないと家族は大興奮だった。

結局、芸能業界の感性がどうにも好きになれず、数年であっさり〝引退〟した。

華々しい副業をあっさり捨てた若かりし僕は、そのまま財布道に専念し、幸せなまま69歳に至る。あのまま歌を仕事にしていたらどうなったか、などということをまったく考えないわけでもないが、未練や後悔は特に感じない。だいたいそんな暇でもない。

若者たちへ

口幅ったいようであるが、非を認めない若者が増えたような気がする。たぶん恥をかきたくないのだろう。かきたくない気持ちももちろん分かるけれど、恥いる気持ちほど人を成長させてくれるものもない。だから、自分の子供が失敗しないように、恥をかかないようにと先回りして取り繕う若い親などを見かけると、その子供の将来が心配になる。

その点、僕の親父は、職人の恥じる気持ちを引き出すのが抜群にうまかった。もちろんわざとなどではなく、結果としてだが。

浅はかな失敗をしでかした職人がいると、「お前それはまずいだろ、もっときちんと考えてやんなさいよ」などと、ごくごく物静かに諭していた。

職人の恥いる気持ちが伝わってきて、関係のない僕までいた堪れなくなったりしたが、効果はてきめんだった。恥じる気持ちが湧き上がるということは、自分の非を認めた証拠でもある。

知ったかぶりをするやつも増えた。まったくどこまで恥をかきたくないというのか。僕など、恥が悪という概念がまったく抜け落ちているのか、それとも子供の心のまま大人になったのか、この歳になっても「なんでなんで?」が口癖だ。

だけど、自分で疑問を持って、自分から訊ねたことは、知識としてきちんと身につくのは大人も同じ。知識は知恵のもと。少しでも多いほうがいい。そうして僕のように、どこかで聞いて覚えたことを、さも百年前から知ってたように話せるようになれば完璧だ。

これは昭和の偉大なコメディエンヌ、ミヤコ蝶々さんが漫才の中で言っていたセリフ。すべての若者に贈りたい。

「恥とケツはいくらでもかきなはれ」

どうせ明日につながります

革包司博庵を今より大きくする計画もないが、大きくしないという計画もない。本当によく聞かれるので、ここで宣言しておく。煙に巻いているわけでもなんでもない。白状すると、そもそも69年の人生において計画というやつを立てたことがない。計画を立てる意味がよく分からないのだ。

ばかでかい企業だって、計画を立てては、上方修正だの下方修正だの修正してばかりに見える。そこに、瞬く間に世界の情勢を変えてしまった件《くだん》のコロナ騒ぎ。先々まで計画を立てる意味がますます分からなくなった。

だいたい、自分のブランドを作ることだって、まったく計画していなかった。もし僕が綿密に計画を立てる性分だったら、今もまだ長谷川製作所で働いていただろうし、そうなると「MAISON de HIROAN」が生まれていたかもあやしい。

計画は立てないが、その代わりというのか、目の前のことに集中することがめっぽう得意だった。この50年間、目の前の財布に対して、まさにこれ以上できないくらいきちんとやってきた。

そして、この「目の前の財布に全力を注ぐ」ことを繰り返し、いつの間にか「日本のエルメス」というビジョンを達成していた。誤解もありそうなものだけど、要するに最高の財布を作るファクトリーブランドという意味で。

「今この時、これ以上できないくらいきちんとやっていれば、どうせ明日につながります」という意味のユダヤの諺《ことわざ》か何かを見かけた時は膝を打った。

刹那主義などと言われるかもしれないけど、誰もが刹那に生きている。ホールインワンを狙うよりは、目の前の一打一打に集中するといったところか。僕はゴルフをするのだが、そういえば、僕のプレーもこんな感じだ。

なお、無計画、無謀かというとそんなことはない。納品までの段取りは結構几帳面に立てるし、後継者だってすでにいる。一生健康でいるために食事にはかなり気をつけている。それにさすがの僕も、海外旅行の宿くらいはあらかじめ予約する。それでも入ってなかったことがあって、その時は立ち往生したが。

死ぬまで働く

18歳の時に財布づくりの世界に飛び込んで、69歳になった今もまだ財布を作り続けている。つまり足掛け51年、財布を作り続けている。

僕が引退するのは、きっと死ぬ時だ。それか、いよいよ体が動かなくなった時。隠居することなど考えたことがない。そもそも仕事場のすぐ上階に住んでいるくらいだし。

納品を待つばかりの「MAISON de HIROAN」の財布を手に取るたびに、

「今回もすっげえいい仕事したな」

と、瑞々《みずみず》しく心が震える。こんな幸せを手放したいわけがないじゃないか。

そして死ぬまで働いていたい僕にとって、健康は仕事と同じくらいの関心ごとだ。だけど運動はそこまで好きじゃなくて、スポーツといえばせいぜいゴルフくらいだ。昔はスキーもよくしていたけれど、この歳で足を折ったらそれこそ健康どころの話じゃなくなるから、たぶんもう行かないと思う。なんといっても一番大事なのは毎日の食事だと考えている。

本当はこってりしたものも大好きで、フォアグラやあん肝なんて大好物だ。ただ、美味いものって食べすぎるとたいてい体に悪い。だから、食べたいものを好きなように食べさせてくれない女房には頭が上がらない。

精白された小麦製品や白米もあまり食べないようにしていて、主食は精米機で七分づきにした玄米だ。食物繊維もたっぷり摂れてしまうので、僕の腸内環境は相当良好だと思う。雑穀を混ぜるともちもちしてさらに美味い。もちろん七分づきにするのは僕ではなく女房だ。そう、いくら食事が大事だと言ったって、僕の場合は女房がいないと成り立たない。感謝しかない。しかも女房の作る料理はものすごく美味い。

美味くて健康にいい。こんな幸せなことがほかにあるだろうか。

You are what you eat.（あなたはあなたの食べたものでできている）

アメリカの諺みたいなものらしいが、本当にその通りだと思う。そんなわけで添加物にもずいぶんとうるさい。成分表示のチェックも手慣れたものだし、妙なサプリメントを飲むくらいならオーガニックのプルーンを食べる。

だけど、いくらよい食べ物を食べていても、この三つがまともにできていなければ、健康でいられるわけがないような気もする。逆にこの三つがきちんとできていれば、多少のことがあっても健康でいられるような気もする。

一、深く呼吸する。
一、太陽をしっかり浴びる。
一、よい水を飲む。

健康管理は本当に楽しい。必ず効果が実感できるからだ。仕事の場合は思ったようにならないこともあるけれど、体は手をかけたらかけただけ結果が伴う。

こんな楽しいこともないだろうと、友達と会った時もこの調子で健康の話をするのだが、同年代の間ではすこぶる受けが悪い。たいていこう笑われて健康談義は打ち切りになる。

「お前いくつまで生きる気だよ」

さすがにそれは自分でも気になるところだが、肌艶もすこぶるよく、死ぬ気配は今のところない。

唯一不健康なのは、睡眠時無呼吸症候群だ。だけど、寝ている間にマスクをつけて空気を取り込むＣＰＡＰ療法というものを始めたら、睡眠が深くなったのか、めっぽう寝起きがよくなり、もともと悪くなかった体調がさらによくなった。その関係で月に一度、血液検査する羽目になったけど、悪いところはひとつもなく、しめしめと達成感に浸る。布袋さんのような立派な腹をしているくせに、中性脂肪さえ正常値なのには自分でも驚く。

僕は、いったいいつまで仕事を続けるのだろう。

死ぬまで、と言ってはみたものの、やっぱりいい加減やりたくない、という時が来るのかもしれないし、来ないかもしれない。

そういえば、一昨年引退した職人の輝さんは80歳を超えていた。僕がまだ幼稚園の時、新潟の鞄屋さんから身一つで長谷川製作所にやってきて、50歳を過ぎても、60歳を過ぎてもずっと腕が確かだった。

それが80歳を過ぎた頃からミシンの目が揃わなくなって、とうとう「俺も歳かな」と引退していった。輝さんは引退のその瞬間まで現役だった。

というわけで、生憎《あいにく》というのか、69歳にしてすこぶる元気だし、後継者もいる。気が済むまで目の前の財布に集中しようと思う。

付録

よりよい仕事を成し遂げたいと思っている
すべての職人（働く人）へ。

世界一幸せな
頑固オヤジの
反骨仕事術・実践編

死ぬまで「幸せに」働く45のコツ

仕事を作る・広げる

【モチベーション】モチベーションを間違えると、仕事を続けるのがどんどんしんどくなっていく。僕の場合、「メイドインジャパンの誇りにかけて」というお題目ではなぜか力が出ない。日本のことは心から好きなのに。

【目印《ブランド》をつける】世の中にあるほとんどの仕事が何かの裏方だ。だけど、心まで裏方に撤する必要はない。日本の職人やメーカーにはよくある話だが、本当にもったいないことだと思っている。かと言って、「これは俺の仕事だ」などと言って回るのもだいぶ効率がよろしくない。そこで、自分の仕事にブランドをつけてみる。

戦略だとか小難しく考える必要はない。ブランドをつける本来の意味は、誰が作ったものか差別化するための〝目印〟だからだ。目印にさえなればなんでもよい。それこそ今はいろんな方法があるんだろう。自分の仕事に目印をつける効果は計り知れない。まず表舞台に立つという覚悟が出る。責任感と誇りが湧く。ちなみに、僕が「MAISON de HIROAN」というブランドを作った時は、「メーカーのくせにブランドとは生意気な」などとさんざん言われたが、知ったことかよと心の中では舌を出した。ただし、仕事の中身がまずい場合、目印《ブランド》は逆の効果を持つのでそこは慎重に。

【上下なし】いくらよいものを作っても、売ってくれる店がないと仕事は広がらない。だけど、店はものがないと仕事にならない。そこに上下はない。ただし、どこにでもあるものを作っているなら話は別。

【名刺入れ】自分が売り物だと思って、名刺入れぐらいちゃんとしたのを持ったほうがいい。名刺入れに名刺を溜め込みすぎないほうが相手の心証もよい。

【肚でつながる】肚でつながれた相手との仕事ほど幸せなものもない。

【いきがり】仕事でいきがっても無駄。どうせ仕事という証拠が残る。

【へりくだり】謙虚は美徳。度を越したへりくだりはいい仕事につながらない。遠慮は依頼心の裏返し。

【口べた】口べたな職人タイプは、お茶室の「にじり口」効果を取り入れるべし。

【覚悟】人の心を動かしたいと思ったら、自分の覚悟を差し出すとよい。

【ありがたい話①】そこそこの肉も、下拵えと焼き方次第で肉汁したたる美味いステーキになる。仕事も同じ。ありがたくない話をありがたい話になるように料理《アレンジ》するのは腕の見せどころだ。ただし、中には料理する価値のない話もある。腐った肉をいくら料理《アレンジ》をしたところで、それは腐った肉でしかない。

【ありがたい話②】独立したばかりの時は、「開業したばかりのおたくみたいなメーカーにはありがたい話でしょ」という話がやたら多かった。だけど、ありがたい話かどうかは、そっちが判断することじゃない。

【ありがたい話③】一般的にはありがたくないとされる話も、自分にとってはありがたい話である場合がたまにある。

【仕事場の広さ】少なくとも美しい財布を作るのに仕事場の広さは関係ない。必要な機械が置けて、人が座って歩ければそれで十分。革包司博庵の最初の仕事場は8坪だった。ただし、仕事の広がりは人がもたらす。8坪から16坪になった途端に人の出入りが増え、仕事はスムーズに広がった。生まれて初めての社長デスクを置くこともできた。

品質・技術

【因果関係】美しい財布とは、美しくするための「因」を積んだ「結果」である。そこそこの財布とは、そこそこの「因」を積んだ「結果」である。「因」とはこれ「仕事」なり。

【不景気】これが逆風となるか、追い風となるかは自分の仕事次第。景気が悪くなると人々の財布の紐は自然と固く締まり、その次に、品質のよしあしに目がいくからだ。

【始末のよい仕事】僕が愛してやまない「伊呂久窯」の萬古急須は、造型もさることながら、「始末」のよさときたら一分の隙もない。なにしろ湯切れまでよい。財布も同じ。縫い終わりの糸が飛び出ていたり、コバの処理が雑なだけで、どんなによい革を使っていても安物に見えるリスクがある。そこまでにかけた手間を生かすも殺すも「始末」にかかっている。「美は細部に宿る」とも言い換えられる。

僕は財布のことしか分からないが、きっと仕事の数だけ「始末」があることだろう。始末のいい仕事を一度味わったら、人はなかなか離れない。なんならファンまでつく。

【伝統】革包司博庵で「昔ながらの技法を忠実にそのまま」という技術は、ほとんどない。薬剤の分野は進化が著しく、技術や道具は僕が好き勝手に考えたものも多い。ただし、昔ながらの「本磨き」は死守している。美しく堅牢な財布を作るのに、とことん理に適っているからだ。

【責任】革包司博庵から出荷された製品が使いづらかったとか、そんな話はあってはならない。それがたとえ自分の名前が出ないOEMだったとしても。

【価値】「品質はそこそこだけどすぐに手に入る財布」と「最高の品質だけど手に入らない財布」。どちらの価値が下がりづらいかは言わずもがな。だけど、あまりに手に入らないとそもそも存在を忘れられてしまう。だから今日もせっせと最高品質の財布を作る。

【シンプルなもの】シンプルなデザインは品質がごまかせない。だけど、デザインがシンプルであるほど品質に気を配りやすい。おまけに見た目も清々しい。

【ルールというもの①】理由の分かりやすいルールは守りやすい。理由の分からないルールは守りづらい。

【ルールというもの②】潔癖な仕事をしようと思ったら、一も二もなく、まずは正確な技術。そしてそれと同じくらい重要なのが注意力。どんなに高い技術を持っていても、ミスは隙をつくように入り込む。ところがこの注意力、決して無尽蔵に湧き出るものではない。もし道路の信号が4色以上に増えたら、それだけで交通事故は増えるだろう。つまり、ルールはなるべくシンプルに。

財布づくりでいえば、もっとも注意力を要する工程はミシン。一度空けた孔はなかったことにできないからだ。その点、うちの財布は他所より縫い目がだいぶ少ない。

【革新《イノベーション》の手始め】

その昔、革包司博庵でも革の裁断には革切り包丁を使っていたが、研ぐためにたびたび仕事が中断され、はっきり言って効率はよくなかった。そこで思い切ってカッターを使ってみたら、拍子抜けするほど使い勝手がよく、問題はあっさり解決した。

革新の前には必ず課題がある。その課題はどこにあるかといえば、目の前の仕事の中にしかない。

まず気になるのは大きな課題かもしれない。だけど、手始めによいのは目の前の身近な課題。

たとえば革包司博庵には人手不足という「大きな課題」があったが、人を増やすとなると一朝一夕にはいかない。一方で、革切り包丁をカッターに変え、箔押し機を自作し、あるいはミシンの位置を少し変えて、と、身近な課題を一つ一つ、着実に、解決していった。その結果、そのままの人手で生産量が上がり、人手不足という課題は前よりもずっと小さなものになっていた。

なお、もっとよくしたいという向上心がないうちは、課題さえ見つからない。課題が見つからなければ革新もまたない。


【エルメス】職人から言わせれば持ちたいものではなく作りたいもの。

【SDGs】長く使える丈夫な財布を作ること。そして、自然と大事に使い続けたいと思う気持ちが湧き上がるように、極限まで美しい財布を作ること。

戦略

【迎合しない】大きくしたい、小さくしたい、ポケットを増やしたい、スマホを入れたい、鍵をつけたい、チェーンをつけたい。なんでもかんでもニーズを飲んでいたら、とんでもない財布ができてしまうだろう。

【流行】50年財布を作り続けて、流行というものは自然現象だということが分かってきた。つまり、思ったようにはなかなかいかない。

【生産計画】うちの人数で作れる分だけを受注する。キャパシティを超えた注文が入ったら、「納品はいついつになりますがよろしいですか?」と確認する。そして、待つ価値のある財布を作る。

【巧い仕事】人間、飢えが満たされたら次に美味いものに目がいく。美味いものに味をしめたら不味いものには振り向かなくなる。真っ当な仕事で勝ちたいならここに勝機がある。僕の戦略は一つ。「もうおたくの財布しか使えない」と言っていただけるような、美味《巧い》い財布を作ることだった。

僕が革包司博庵を立ち上げた2000年といえば、中国の工場もすっかり腕を上げ、そこそこ美味《巧い》い財布はいくらでもあった。それこそ名門と呼ばれる欧米の高級ブランドも工賃の安い「世界の工場」こと中国に生産を移し、そこそこの高級財布を量産していた。超美味《巧い》い財布といえば、国産を貫くエルメスぐらいだったので、そこに活路を見出した。そして、そこそこ気軽に「お代わり」できる値段にすることも忘れなかった。

【完璧な戦略】完璧な製品に勝る完璧な戦略はない。

リクルート・人材育成

【筋のよしあし】財布づくりでいえば、革の裁断からミシンの縫い目にいたるまで、「まっすぐ」は基本中の基本。それを、言われる前から当たり前のものとして「まっすぐ」にできる、あるいは言われてすぐに「まっすぐ」にできるのが、筋がいいということ。

また、筋のよしあしは、外見や性別からは判断がつかない。

【男性と女性】職人といえば男性のイメージが強いかもしれないが、実は男女の性差はない。それどころか、革包司博庵では、番頭さんを筆頭に女性の比率が結構高い。

【知識】自分で疑問を持って、自分から訊ねて初めて知識として身につく。そうして覚えたことを、さも百年前から知ってたように話せるようになれば完璧だ。

【番頭さん】今時はチーフとかなんとか言うのだろう。だけど革包司博庵では令和になった今でも「番頭さん」。僕がしっくりこない名前で呼んでもそこに敬意も誠意もない。

【山本五十六】やってみせ、言って聞かせて、させてみせ、ほめてやらねば、人は動かじ。話し合い、耳を傾け、承認し、任せてやらねば、人は育たず。やっている、姿を感謝で見守って、信頼せねば、人は実らず。

【審美眼を鍛える】どうせなら、世界一美しいとされるもので。

【恥をおそれない】恥とケツはいくらでもかきなはれ。

【人という資産】「儲けた金は絶対に独り占めするなよ」。これは、親父が幾度となく言っていた言葉。人より大事な資産はないということだ。言い方はだいぶ悪いけど、仕事である以上、人と人は金でつながっている。

【腕を保つ】一流の歌手だって、金欲しさに場末のキャバレーなどで歌っているうちに、どんどん歌が下手になる。ちょっとくらい調子を外しても、酔っ払いは気づかないからだ。おそろしいことに、酔客相手に歌っているうちは、歌手本人も歌が下手になっていることに気づかない。

【力を抜く】武道の達人も構えの間はすっかり力を抜いている。常に力を使い切っていては、ここぞという時に力が出ない。仕事中には音楽をかけたり、お香を炊いたり、あるいはお茶を淹れたりするといい。

【マインドフルネス】今、目の前の仕事に集中する。今この時、これ以上できないくらいきちんとやっていれば、どうせ明日につながります。

独立・転職

【計画】まるでこっそり計画してから前の会社を辞めたような手際のよさで、退職したその一か月後に「革包司博庵」を立ち上げた。確かに頭の中では、「ああすればいいのに」「こうしたらもっとよくなるのに」と常に考えていた。

【得意なこと】「得意」なことには相対的な価値がある。相対的な価値があるから仕事になり、金もついてくる。「好き」なだけだとこうはいかない。「下手の横好き」という言葉があるくらいだ。相対的な価値がつかないなら、それは幸せな仕事にはなり難い。

【I am】「お仕事は何を?」と聞かれて、一時的な容れ物に過ぎない「会社」を名乗るのと、自分の分身でもある「職」を名乗るのと、どちらが幸せか。その点、僕は死ぬまで「職人」と名乗れる。

【右向け、左】それが「ラッシュ時の満員電車」のような不快な状況でも、人は知らず知らずのうちに慣れて、それが当たり前だと思ってしまう。酸素も足りず、座ることもできず、車窓の景色を楽しむこともできないというのに。大勢の人間と同じ目的地を目指すというのは、なにしろしんどい。そして、この「ラッシュ時の満員電車」のような仕事は意外に多いような気がしている。少なくとも財布の世界ではそうだった。

大勢が右を目指すなら自分は左を。ただ、慣れていないと「人気のない電車」に不安になることもあるかもしれない。まあ確実に心配はされるだろうし、度胸もいる。だけどこんなに快適で幸せな旅もない。

おわりに

日本を元気にするのは職人《エキスパート》だ

本書では、構成の都合上、まるで僕が一人で財布を作り上げているかにも読める書き方になってしまったのだが、実際は、6人のスタッフと、腕を上げて革包司博庵から独立した2人の職人とともに作られている。僕の求める品質がともかくマニアックなので、腕はもとより相当の根性が備わっていないとかわいそうなことになってしまうのだが、彼ら、彼女たちは、本当に潔癖な仕事をしてくれている。そして、「究極のベタ貼り」を実現してくれる美和さん、平山くん、矢田部さん、頼もしき番頭である藤本さんにもいつも感謝が尽きない。僕の悲願であった理想のメーカーは彼らがいたから完成した。まずはチームである彼らに、真っ先にこの場を借りて深くお礼を申し上げたい。

そして妻の慈子。「あの時、お義父さんはこう言ったはず」「築城さんと一緒にお財布を作ったのは2006年だった」などとあなたのその口から僕の歴史がなんの淀みもなくすらすら出てくるものだから、その確かな観察力と記憶力に恟然《きょうぜん》しつつ、大いに頼らせてもらった。財布業界では僕はまあまあの有名人だけど、財布業界を一歩出たら、多くの人にとっては見ず知らずのオヤジだ。その距離感を埋めるのにどうしたものか頭を悩ませつつ、一つでも多くの事実関係を交えることで、その溝を埋めなくてはと思った。――のだが、妻のおかげで極めて正確な事実関係を書き残すことができた。このような場では愚妻などと書くものかもしれないが、この口が裂けても言えない事態となった。

なかでも、日本の製造業の黒歴史でもある、80年の大量生産時代のくだりは、思い出すだけでも、悔しさ、虚しさ、そして馬鹿馬鹿しさが募って胸糞が悪くなった。あのたった10年だか20年だかの間に、日本はどれだけ優秀なメーカーと職人を失ったことだろう。だけど同時に、そこで右に倣わず、勇猛果敢に左に進んだ20年前の気概を思い出し、同じ時代に「左」を貫いた日本中のメーカーのことは勝手に同志だなどとも思った。

誰かにとっては「余分なこと」になりうるかもしれない話を交えるにはだいぶ勇気もいったが、現代はSNSだのが当たり前のようになり、これから先、さらになんでもかんでもあけすけになるだろう。よい意味でも（悪い意味でも）本音での対話がますます進んでいくように思えてならない。

本音といえば、僕がブランドを作ろうと思ったその原動力には、男としての野望もあった。僕の野望は、権力にも、財力にも向かず、ひたすら財布に向けられた。最高品質の財布を作って、僕の技を日本に、世界にひけらかしてやると思った。なんて平和な野望だろうか。権力や財力だとそうはいかないが、財布づくりにいくら野望をぶつけたところで、誰かが幸せを感じてくれるだけ。これからも何ものにも忖度することなく、そこに男の野望をぶつけていこうと思っている。

もし、その胸にたぎる野望を持て余している若者がいたら、ぜひ職人になる道を検討してみてほしい。ものは、その思いをぶつけただけ応えてくれる。

だけど今の時代、職人という言葉が指すのは、ものを作る職業に限らず、エキスパート全般を指すような気もしている。「職人だねー」は、ある種の褒め言葉だろう。そして、これからの日本を元気にするのは間違いなくエキスパート《職人》たちだ。この本が、あの時代に失った日本の大事なものをもう一度取り戻すための何かの一助になれば、こんなうれしいこともない。

最後になったが、この本を出すきっかけを作ってくださった谷口令先生にあらためてお礼を申し上げたい。そして、頼もしき同志たちにも。革探しの旅にどこまでもつきあってくれる内山君。いつも適確なアドバイスをくださる野村製作所の野村俊一社長。2021年に退職されたストック小島の岩崎君。2019年に逝去された株式会社山万の山田晴彦氏。

いつも僕の仕事を陰日向なく支えてくださって、ありがとうございます。そして親父のように見守ってくれている兄貴にも。皆様への感謝を財布を作る力に替えて、お礼とさせていただければ幸いです。

長谷川博司

長谷川博司 はせがわひろし
1952年3月1日、東京都台東区浅草橋生まれ。
台東区立小島小学校、台東区立台東中学校、明治学院高校 卒。
1970年、株式会社長谷川製作所入社。
2000年、株式会社革包司博庵（純紳士用革小物専門メーカー）設立。
2001年、自社ブランド「MAISON de HIROAN」始動。

パリのハイブランドが欲《ほ》しがる技術《ぎじゅつ》は、なぜ東京《とうきょう》の下町《したまち》で生《う》まれたのか

蔵前《くらまえ》の頑固《がんこ》オヤジの反骨《はんこつ》仕事術《しごとじゅつ》

2021年9月6日　初版発行

著　者　長谷川博司《はせがわひろし》

発行者　磐﨑文彰

発行所　株式会社かざひの文庫
〒110-0002　東京都台東区上野桜木2-16-21
電話／FAX03（6322）3231
e-mail:company@kazahinobunko.com
http://www.kazahinobunko.com

発売元　太陽出版
〒113-0033　東京都文京区本郷3-43-8-101
電話03（3814）0471　FAX03（3814）2366
e-mail:info@taiyoshuppan.net
http://www.taiyoshuppan.net

印刷・製本●モリモト印刷
出版プロデュース●谷口令
装丁●Better Days
DTP●KM Factory
編集協力●藤城朋子
SPECIAL THANKS●長谷川慈子

ISBN978-4-86723-048-0